U0190154

埕岛油田海工技术及应用

杨宝山　吴　敏　李民强　著

中国海洋大学出版社
·青岛·

图书在版编目(CIP)数据

埕岛油田海工技术及应用 / 杨宝山，吴敏，李民强

著. —青岛：中国海洋大学出版社，2022.11

ISBN 978-7-5670-3307-8

Ⅰ.①埕… Ⅱ.①杨…②吴…③李… Ⅲ.①埕岛油

田—海上开采 Ⅳ.①TE53

中国版本图书馆 CIP 数据核字(2022)第 198408 号

出版发行	中国海洋大学出版社			
社　　址	青岛市香港东路 23 号		邮政编码	266071
出 版 人	刘文菁			
网　　址	http://pub.ouc.edu.cn			
电子信箱	coupljz@126.com			
订购电话	0532-82032573(传真)			
责任编辑	李建筑		电　话	0532-85902505
印　　制	青岛国彩印刷股份有限公司			
版　　次	2022 年 11 月第 1 版			
印　　次	2022 年 11 月第 1 次印刷			
成品尺寸	185 mm×260 mm			
印　　张	12.5			
字　　数	283 千			
印　　数	1～1000			
定　　价	88.00 元			

发现印装质量问题，请致电 0532-58700166，由印刷厂负责调换。

前　言

埕岛油田发现于 1988 年,是我国滩浅海地区发现的第一个储量超亿吨的海上油田。油田位于渤海湾南部、黄河故道入海口水下三角洲海域,水深 1～15 m,南界距海岸线约 3 km,与胜利陆上的桩西油田相邻。埕岛油田地理位置特殊,海洋水动力条件复杂,海底地质灾害发育,加之探明的储量多属于复杂断块边际油藏,这些特殊情况给油田开发工程建设带来了极大困难,国内外也无类似条件下滩浅海油田大规模开发建设的先例。

埕岛油田开发工程建设经历了一个不断积累、不断创新、不断进步的发展过程。从油田地理位置、海洋环境、油藏条件、海上钻修井装备能力、海上施工装备能力、生产管理、开发效益等实际情况出发,针对"滚动开发、区块接替、逐年上产"开发特点,因地制宜、开拓创新,构建了从区域到设施、从设计到施工、从建设到运行,既安全又经济的滩浅海海洋工程技术体系,形成了半海半陆油气集输模式及配套的海洋平台、海底管道、海上供配电等系列技术,安全高效经济地建成了 350 万吨/年的原油生产能力,走出了一条具有鲜明特色的滩浅海油田建设之路,成为黄河三角洲上一道亮丽的风景线。

本书汇编了埕岛油田开发近 30 年来工程建设的技术成果,介绍了每项技术的特点和工程应用。全书共分 5 章,第 1 章绪论,介绍了埕岛油田开发的背景;第 2 章海上平台,对平台的前期勘察、设计、陆地预制及海上安装等进行了总结;第 3 章海底管缆,对海底管道、海底电缆的施工安装、安全防护进行了总结;第 4 章平台、管缆运维,讲述了平台及管缆的运行及维护技术;第 5 章构筑物弃置,讲述了海工构筑物的整体拆除、切割及相关技术。

本书第 1～2 章由杨宝山执笔,参与编写的有蒋习民、翟磊、张玉萍等;第 3～4 章由吴敏执笔,参与编写的有谭勇、任文江等;第 5 章由李民强执笔,参与编写的有方东园、王浩等。杨宝山负责本书的组织和审查工作。

在本书的编写过程中,作者得到了许多领导和专家的关心与支持;中石化石油工程建设公司高级专家刘锦昆和中国海洋大学工程学院教授董胜在百忙之中审阅了初稿,并提出了宝贵意见;青岛科技大学机电工程学院教授毕海胜在文稿的编校和出版方面提供了有力帮助,在此谨向他们表示衷心感谢!

　　本书是对埕岛油田开发工程建设技术的系统总结,可为类似条件的滩浅海油田开发工程设计、施工提供借鉴。

　　由于技术性强,涉及专业面广,加之编者水平所限,书中难免有疏漏和不足之处,衷心希望读者批评指正。

作者

2022 年 7 月

目　录

1 绪论

胜利埕岛滩海油田位于渤海湾南部、黄河口以北的极浅海海域,分布在距海岸 5~15 km 范围内,水深 3~20 m,已探明石油地质储量 4.15 亿吨,是我国发现的第一个储量超过亿吨的滩海油田。该油田属边际油田,地层能量低;海洋环境复杂,海底地形发育不完全等。油田开发面临重重困难,如果按照海上油田的常规开发工程技术建设,将没有开发价值。

1.1 特殊地理环境

现代黄河三角洲工程地质条件极为复杂,黄河尾闾改道频繁,同时黄河携带的大量泥沙快速沉降造成海底沉积物的分布不均,且工程地质特征在不同区段差异较大。近几十年来,由于黄河改道和径流量急剧下降,泥沙来源趋于断绝,在波浪、潮流、风暴潮等外荷载作用下,在河口地区,尤其是在 1976 年以前老河口地区海底遭受迅速侵蚀,伴生着多种灾害地质现象。总结起来有如下特点:

①研究区海底地貌类型以侵蚀地貌特征为主,主要包括侵蚀岗丘(台地)、冲蚀沟槽、冲刷洼地、塌陷洼地等。在波浪海流作用下,海底冲刷发育,随着时间的推移,研究区海底逐渐趋于平滑。

波浪作用是海域海底地形地貌塑造的主要动力因素,根据海底沉积物冲刷速率、剖面坡度塑造及季节性变化可分为三个阶段:1976—1986 年为快速冲刷阶段,该阶段典型研究区最大冲刷厚度达 7 m;1986—1996 年为缓慢冲刷阶段;1996—2004 年为以冲刷为主的冲淤调整阶段。海域以 15 m 水深线为界,浅水区冲刷,深水区微弱淤积。

②海区内发育的主要灾害地质现象包括海底冲刷形成的蚀余岗丘、冲刷洼地、塌陷洼地以及滑塌和扰动土层等。根据扰动土层的扰动程度、埋藏特征,研究区内的扰动土层可以分为强扰动土层、弱扰动土层和埋藏扰动土层三种类型。

③埕岛油田发育的主要地质灾害类型包括土体液化、局部冲刷以及滑坡(滑塌)等三类,土体液化及局部冲刷是埕岛油田灾害地质现象的主因。波浪作用下海底土的液化分两类。一类是瞬时液化,是由于瞬时波浪荷载在海底土体内产生向上的压力梯度,导致孔隙水压力激增形成土体液化。瞬时液化多发生在风暴潮期间。另一类是残余液化,系波浪荷载在海底土体内形成孔隙水压力累积引起的砂土液化。波浪作用下海底表层土液化是海区内海底电缆管道事故发生的主要原因之一。

1.2　油田开发难点

胜利埕岛油田由于其特殊的油藏特性和地理位置,在开发过程中遭遇了重重困难。与常规陆上或海上油田相比,埕岛油田具有其特殊性:

①埕岛油田地质条件复杂,探明储量多属分散、小块和丰度不高的边际性油藏,油品性质较差,油藏的开发必须降低工程投资,使收益率满足可开采的要求。埕岛油田工程投资中平台造价占 60%~70%,开发轻型高效平台,降低工程造价意义重大。

②油田位于滩浅海海域,大型施工船舶的设计吃水较深,需探索与浅海相适应的施工技术及研制浅海施工装备。

③特殊的地质条件给工程带来困难。埕岛油田所独具的海况特征、浅层地质条件以及海底松软沉积物变形情况都十分复杂,极易引发多种灾害地质现象,对海上构筑物、海底管道、电缆或其他海上工程设施构成潜在的重大威胁,甚至导致严重的人身财产损失、工程事故及环境污染等严重后果。

④油田地处黄河口附近,海流流速快,冬季存在流冰,使平台、海底管道等钢结构承受的冲刷、磨蚀和腐蚀比一般海域严重得多,海底灾害性地质发育,是世界上海洋工程地质与海洋环境条件最恶劣的地区之一。这对海洋工程的设计及施工造成严重困难,也对油田生产的安全保障提出了挑战。

1.3　海工技术发展

由于陆上有完备的配套系统,胜利滩海油田均采用半海半陆的开发模式。这种模式简化了海上的生产设施规模,将复杂的油气处理放在陆地处理站进行,可缩短油田建设周期、降低投资、提高经济效益。主体生产区域采用了中心平台与卫星平台相结合的布局方式,卫星平台与中心平台之间、中心平台与陆地油站之间,均通过海底管道进行连接,形成较完整的、统一的集输方式,各类油气生产设施均依托于海上平台开采。自1993年投入开发以来,通过长期探索实践,海工设计施工技术不断提升,生产配套工程建设工艺逐渐成熟。平台建设从单井平台、井组平台模式趋向多井组采修一体化模式、综合中心平台发展,海底管道、海底电缆铺设方式日趋完善,形成胜利浅海特色的海工建设模式。埕岛油田原油产量逐年上升,成为我国第一个百万吨级浅海大油田。

埕岛油田经过近30年的努力攻关,因地制宜,探索出一系列行之有效的工程技术,形成了海上平台、海底管缆、平台及海管运维、构筑物弃置等系列技术,解决了油田开发过程中遇到的难点,为胜利埕岛油田的产能建设提供了有力的技术支撑,确保了油田开发的安全、经济、高效。

2 海上平台

2.1 工程地质勘察

2.1.1 水深地貌测量技术

2.1.1.1 技术背景

埕岛油田位于黄河三角洲前缘、渤海湾南岸的浅海海域,海况特征、浅层地质条件以及海底松软沉积物变形情况都十分复杂。油田所在海域内易发生多种灾害地质现象,如水下滑坡、塌陷、粉砂流、软弱地层夹层、强烈起伏地形、埋藏河道等。这些灾害地质的产生会对海上构筑物、海底管道、电缆或其他海上工程设施构成潜在的重大威胁,导致严重的人身财产损失和工程事故。同时,油田所在区域位于渤海无潮点附近,潮汐复杂,潮流强大,风暴潮时有发生。这些因素的存在,造成海上石油产区基本上处于较强侵蚀冲刷区,致使海区地形地貌复杂多变,海底管道电缆出露于海底,甚至管道电缆悬空现象大范围存在,海底管道、电缆在水平方向上产生位移,垂直方向上产生沉降,这会给安全生产和环保带来极大的隐患。因此,需要通过海管路由调查,确定海管在海底的状态,通过数据分析对海管进行风险分析。

2.1.1.2 技术内容

①海管路由区地形地貌调查:水深数据是分析海管沉降变化的基本信息之一,也是分析路由区地形冲刷变化的基础数据。可采用单波束测深仪、多波束测深仪和实时三维成像声呐对海管路由区进行水深测量,获取水深数据及海底三维图像;可采用侧扫声呐全覆盖测量海管路由区海底地貌,获取海管路由区海底地貌特征。工程复测采用的调查设备为 Sonic2024 多波束测深仪、HY1600 高精度单波束测深仪、实时三维成像声呐和 EdgeTech 4200MP 侧扫声呐。

②海管路由区浅地层调查:采用浅地层剖面仪获得路由区地层的声学剖面资料,分析海床面以下地层的微层理的变化,分析地层的变化情况和分布。

③侧扫声呐探测:侧扫声呐不仅可以用来调查海底地貌,而且可以探测悬空或裸露的海底管道长度和位置,侧扫声呐探测是探测暴露于海底的管道最直观、最有效的方法。

使用的侧扫声呐为 EdgeTech 4200MP 侧扫声呐。

④浅地层剖面仪探测:高分辨率的极浅地层剖面仪可以探测海底掩埋的管道。磁力仪测量主要测定磁场的相对变化值,根据仪器接收到的磁场信号的强弱,判别探测的位置。使用的极浅层剖面仪是 SES-2000 参量阵浅地层剖面仪,使用的磁力仪为质子磁力仪。

⑤海底管道悬空高度测量:采用配有 Sonic2024 多波束测深仪、实时三维声呐系统和 SES-2000 浅地层剖面仪进行测量。

2.1.1.3 技术特点

多波束系统在进入测区后,首先进行仪器支架固定,即将测深杆与船体进行固定;然后启动外业工作站,连接姿态传感器、罗经、GPS 数据线,启动外业采集软件,测试各个数据是否正常,输入各个仪器的相对关系数据;进行声速测量,找出多波束探头吃水深度的声速值输入采集软件中。以上准备工作完成后进行安装校准测量,最后驶入目标海域进行水深测量。

多波束系统校准测量管道抛沙区域,通过海底半坦海区同线同速反向的条带断面测量数据测定横摇(Roll)偏差数据;通过水深变化大的海区同线同速反向的中央波束测量数据测定纵摇(Pitch)偏差数据;通过水深变化大的海区异线(间距为覆盖宽度的 2/3 的两条测线)同速反向的边缘波束测量数据测定艏摇(Yaw)偏差数据。各项数据测试时采集多余观测数据,经过多组数据比对,取其平差值。

测量使用的多波束系统通过同步采集 GPS 数据和 PPS(pulse per second)数据,将多波束系统时间同步到 GPS 内部时钟,确保多波束测深系统的测深与定位时间同步。

2.1.1.4 技术应用情况及效果

以埕岛油田某海底输油管道为例,通过水深地貌测量,获得平台周围海底地貌及路由情况。

①海底地形特征:该海底输油管道路由调查区域水深分布在 8.5~12.7 m 之间,水深最浅点位于平台附近的抛砂维护物上,最深点分别位于平台的冲刷区域。在连接两个平台的路由区,水深变化不大,基本处于 10.9 m 左右,地形略有起伏。管道始端平台周边最大水深为 13.3 m,位于平台南测冲刷坑内,最小水深约为 9.8 m,位于平台西侧管道的维护物上;管道末端平台附近最大水深为 12.6 m,最小水深为 8.5 m,其周围水深约为 11.5 m。两端平台周边存在多处管道裸露。多波束扫测成果如图 2.1.1-1 所示。

②海管附近海底障碍物和海底面状况:管道路由区域,海底面状况较复杂,海底地貌在平台附近以侵蚀和海管维护物形成的凸起地貌为主,在路由水平段区域,海底地貌类型主要为平滑海底。发育的海底地貌类型主要为粗糙地形(冲沟、海管维护物)。在两端附近由于平台的存在改变了其周围的水动力环境,在潮流和波浪的共同作用下,平台桩

基周围由于冲刷形成凹坑,凹坑周围地形起伏较大,海底较为粗糙。3D声呐扫测成果图如图 2.1.1-2 所示。

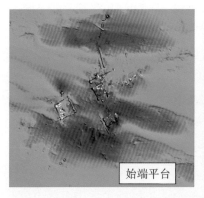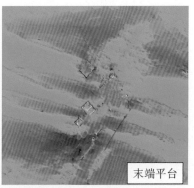

图 2.1.1-1　多波束扫测成果图

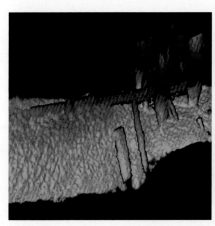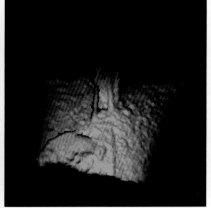

图 2.1.1-2　3D声呐扫测成果图

2.1.2　结构物海底探测技术

2.1.2.1　技术背景

埕岛油田在建设施工及油气开采过程中面临着诸多挑战。油田地处渤海湾南岸,又因其海域靠近黄河入海口,因此海域中有大量的泥沙。此处海水较浅,海底地形复杂多变,这种变化性的海底地形地貌特征对海上构筑物、海底输油、注水管道及电缆造成了极大的影响,在一定程度上增加了发生工程事故和人身财产安全事故的可能性。基于这种情况,结构物海底探测就显得尤为关键,它在很大的程度上能够预判甚至直观地反映出海底构筑物可能存在的隐患,也为后期的隐患治理提供了基础的前提。

2.1.2.2　技术内容

海底海管立管探摸调查内容:管道位置、走向、裸露状况,包括裸露长度、高度及为减小自由悬跨而安装的支撑状况,明确支撑桩的位置,探摸清楚悬臂梁在管道的位置(上或下);管道保护物的完整性(如护垫、覆盖物、沙袋、砾石坡等);管道的屈曲变形情况,与其他管道、海底电缆的交叉状况,描述清楚交叉的位置关系、海底电缆松弛或紧绷、损伤状况;立管支撑和导向的完整性和功能;使用 MS1000 扫描声呐系统根据潜水探摸结果对连续悬跨大于 15 m 或损伤管道进行精细检测,并将扫描图附于检测报告中。

传统声学探测技术包括多波束测深、侧扫声呐、浅地层剖面探测等三项主要技术。目前,Sonic2024 多波束测深系统、SES-2000 参量阵浅地层剖面系统、KLEIN3000 侧扫声呐系统在海底管道外检测过程中应用最广泛。多波束数据主要用于展示研究区水深、地形地貌分布特征,侧扫声呐数据可以直观地显示管道周围的自然或人工地貌,浅地层剖面数据可以查明海底地质状况、管道埋深情况。具体工作时,可根据外业调查获得的调查数据,首先利用 Caris9.1、SonarWiz5.0、ISE2.0 等软件对多波束、侧扫声呐、浅地层剖面数据进行处理,进而通过 Surfer、Global Mapper、ArcGIS 等绘图软件对研究区水深、地形地貌、管道状态进行成图;在此基础上,综合各类声学探测技术数据分析结果,取长补短,优势互补,对调查区管道赋存状态进行综合评估。

多波束测深系统主要用于海底地形的测量,能够方便地获取海底管道路由区及平台区的水深地形资料,宏观反映海底管道走向、出露或悬空管道特征。多波束测深系统的基本原理是向海底发射一个由数百个单波束组成的扇形波束,波束到达海底后发生反射、散射等过程,回波被换能器接收,利用传播时长、声速等参数计算到海底的距离,通过走航式调查方法实现对水深的连续观测,利用 Caris 等软件对水深数据进行处理,制作三维地形图,从而直观地反映海底地形特征。Sonic2024 多波束测深系统频率为 200~400 kHz,频率在线连续可调;波束数目为 256 个,覆盖宽度在 10°~160° 内连续可调;最大测深量程达 500 m,可完全满足海底管道调查过程中的水深、海底地形测量精度要求。

浅地层剖面系统能够反映海底浅层地层结构信息,确定海底管道的平面位置和埋藏深度,对查明管道的埋藏、出露、悬空情况均适用,如图 2.1.2-1 所示。系统基于声波反射原理,在沿着与海底管道轴向垂直的测线方向上进行走航式测量,仪器探头发出的高频声波脉冲信号在海底沉积物与管道之间的界面上形成反射,换能器接收反射信号后,以模拟或数字信号的方式存储输出。在地层剖面上,海底管道会呈现出规则的、开口向下的抛物线状记录,抛物线的顶点即为海底管道的顶部。基于这种特性,地层剖面可以清晰地展现出管道在海底地层中的相对位置和埋藏情况。SES-2000 参量阵浅地层剖面系统的换能器发射两组频率不同的高频声波,由于高声压条件下声波传播的非线性,这两组声波互相作用,产生一种新的、频率低、穿透性强的声波,称为次频(4,5,6,8,10,12,15

kHz),参量阵技术就是利用这种次频来穿透地层,提供高分辨率和强地层穿透性的剖面数据。SES-2000 参量阵浅地层剖面系统探测精度较高,目前在海底管道外检测中得到了广泛应用。

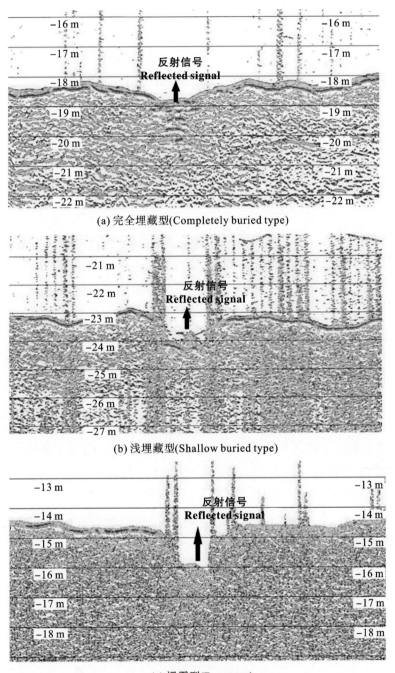

(a) 完全埋藏型(Completely buried type)

(b) 浅埋藏型(Shallow buried type)

(c) 裸露型(Bare type)

图 2.1.2-1　浅地层测量效果图

2.1.2.3　技术特点

声学探测技术是海底管道外检测过程中应用最广泛的探测技术,多波束测深、侧扫声呐、浅地层剖面目前仍是海底管道外检测过程中的主流探测技术。扫描声呐、合成孔径声呐等技术手段的应用,有助于提高海底管道赋存状态的准确识别和表征。

多波束测深系统是利用安装于船底或拖体上的声基阵向与航向垂直的海底发射超宽声波束,接收海底反向散射信号,经过模拟、数字信号处理,形成多个波束,同时获得几十个甚至上百个海底条带上采样点的水深数据,其测量条带覆盖范围为水深的2～10倍,与现场采集的导航定位及姿态数据相结合,绘制出高精度、高分辨率的数字成果图。

侧扫声呐有三个突出的特点:一是分辨率高;二是能得到连续的二维海底图像;三是价格较低。侧扫声呐出现以后很快得到广泛应用,现已成为水下探测的主要设备之一。

浅地层剖面仪是在回声测深仪的基础上发展而成的,探测深度一般为几十米,广泛应用于海洋地质调查、港口建设、航道疏浚、海底管道布设,以及海上石油平台建设等方面,具有操作方便、探测速度快、图像连续的特点。浅地层剖面探测技术起源于20世纪60年代初期,其后广泛应用于港口建设、航道疏浚、海底管道布设,以及海上石油平台建设等方面。70年代以来,随着近海油气资源的大规模开发和各种近岸水上工程建设项目的不断增加,以及各种地质灾害的频繁发生和发现,浅地层剖面探测的重要性越来越为人们认识。同时,浅地层剖面探测设备呈现多元化的发展趋势。

2.1.2.4　技术应用情况及效果

我国渤海海域海底管道水深一般不超过30 m,通常情况下,在水深较浅(<30 m)的条件下,采用多波束测深、侧扫声呐、浅地层剖面系统等传统声学探测技术进行海底管道探测。该探测技术组合基本满足探测精度需求,作业效率高、成本低。多波束测深系统效果图见图2.1.2-2。在靠近平台或者单点系泊处,为保障已建设施、船舶、人员及设备的安全,可以使用扫描声呐进行探测;在100 m水深的海底管道,管道路由区同样采用传统声学探测技术组合进行探测。

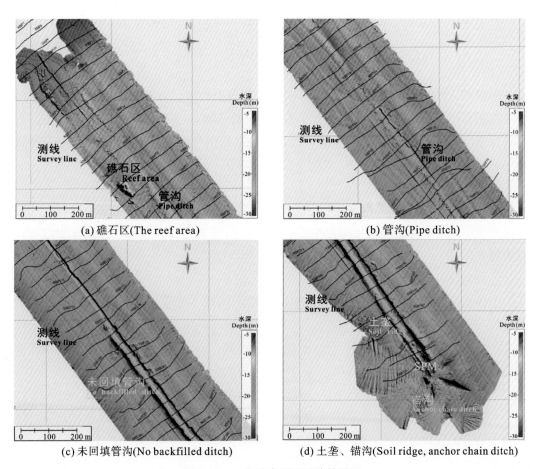

(a) 礁石区(The reef area)　　(b) 管沟(Pipe ditch)

(c) 未回填管沟(No backfilled ditch)　　(d) 土垄、锚沟(Soil ridge, anchor chain ditch)

图 2.1.2-2　多波束测深系统效果图

2.1.3　高程测量技术

2.1.3.1　技术背景

高程控制测量分为几何水准测量、光电测距三角高程测量和 GPS 高程测量等。其中，几何水准测量是高程控制测量中应用较为广泛、精度较高的一种测量方法。随着科学技术的迅速发展，电子水准仪以其简便的操作方法和较高的工作效率，逐渐在几何水准测量工作中被接受和使用。较为广泛使用的为电子水准仪，是以传统光学水准仪为基础，应用现代电子技术和微型传感器等先进工艺，融合电子技术、图像处理技术、计算机技术于一体，能够进行几何水准测量的数据采集与处理的仪器。它利用数字图像处理技术，人工完成照准和调焦之后，把由条纹标尺进入望远镜的条码分划影像，成像在光电传感器，即线阵 CCD 器件上，利用图像处理技术在相对较短的时间内完成包括条码尺的读数、数据记录、计算和处理。

2.1.3.2 技术内容

(1)平面控制

采用 CGCS2000 国家大地坐标系。在测量区域引测埋设设置 3～4 个控制点,平面施工控制点按 E 级 GPS 布网,在已有平面控制点的基础上,采用 GPS 静态测量设备进行平面控制网测量,GPS 控制网外业观测及内业数据处理严格按照《全球定位系统 GPS 测量规范》(GB/T 18314)执行。

(2)高程控制

采用 1985 国家高程基准。根据工作需要引测埋设并设置一定数量高程控制点。按四等水准测量要求对现场已知高程控制点进行校核,经校核满足规范后才能作为已知高程控制点。

(3)水准测量实施方法

①将水准尺架设在测点上,使圆水准器气泡居中,将水准仪架设在前、后两水准尺中间部位,整平、精平仪器。

②瞄准后视标尺黑面,读取下丝、上丝、中丝读数(如果不是自动安平水准仪,观测读数前还需要精平),计算:后视距离＝100×(下丝读数－上丝读数)。

③瞄准前视标尺黑面,读取下丝、上丝、中丝读数。

④瞄准前视标尺红面,读取中丝读数。

⑤瞄准后视标尺红面,读取中丝读数。

计算:

①黑面与红面读数差＝k＋后视红面中丝读数－后视黑面中丝读数。

②红面高差＝前视红面中丝读数－后视红面中丝读数。

③红、黑面高差之差＝黑面高差－红面高差。

④高差中数＝［(红面高差±100)＋黑面高差］÷2。

(4)内业数据处理

外业测量完毕后,按照以下步骤进行内业计算:

①计算闭合差。

②判断闭合差是否超限。

③计算各测段观测高差的改正数。

④将改正数分配至各测段,检验闭合差是否为 0。

⑤计算各测点的高程值。

⑥分析并出具报告。

2.1.3.3 技术特点

①读数比较客观。消除了误读、误记等人为读数误差对测量成果的影响。

②精度高。标尺读数和视距读数都是采用条码分划影像经图像处理后取平均值得出来的,因此削弱了标尺分划误差的影响。一般电子水准仪都有进行多次读数取平均值的功能,可以使显示读数更加准确。

③速度快。由于省去了读、记、检核计算的步骤以及人为操作失误或计算错误导致重测的情况,与传统仪器相比可以节省1/2左右的测量时间。

④效率高。只需瞄准调焦和按键就可以自动读数、记录、检核,并能使用自带程序进行现场计算,使劳动强度大大降低,实现内外业一体化。

⑤自动存储。观测数据可存储到仪器内存或 SD 卡中,无须纸质记录。

2.1.3.4　技术应用情况及效果

埕岛油田在役滩海陆岸石油设施水上地形测量项目中,多次运用到高程测量技术,使用仪器及基本测量步骤如下:

天宝电子水准仪 DINI03 是一个数字高程测量传感器。DINI03 是一个经过外业验证了的测量工具,其设计特别适用于要求快速精确高程信息的任何工程。DINI 可用于平面和斜坡的精确整平、建立斜坡和地面轮廓的高程信息、沉降监测以及建立控制网的高程。

该项目根据测区周围收集到的三等水准点 3 个,现场找寻"ZY026""ZY030""ZY031",点位保存完好,可以使用。通过水准测量,将 ZY031 的水准点高程引测至 K1、GK1、GK2、K3、GK3,引测至每个点之后进行的水准测量均进行往返测量,其中 ZY031 到 K1 的距离约 6.9 km,K1 到 GK1 的距离约 0.61 km,GK1 到 GK2 的距离约 0.48 km,GK2 到 K3 的距离约 0.41 km,K3 到 GK3 的距离约 0.44 km。图 2.1.3-1 所示为老九井验潮站。

图 2.1.3-1　老九井验潮站

2.1.4　浅地层剖面探测技术

2.1.4.1　技术背景

浅地层剖面仪具有工作高效、成本低廉等特点，常被用于海底地质和海底管线路由的探测。本节主要介绍浅地层剖面仪的工作方式，从浅地层剖面仪的工作原理和工作方式出发，阐述了浅地层剖面仪的发展过程，并通过实际应用介绍浅地层剖面仪在海底管道路由中的应用，最后对探测中的常见问题进行分析。浅地层剖面仪主要是根据声波在水下的传播和对于沉淀物的反射来探测水底情况，是从通过回声进行水底探测的基础上发展起来的。浅地层剖面仪具有显著的优势，它具有操作简单、效率高、费用低、精度高、连续性强等特点。目前浅地层剖面仪是海底管道探测的主要手段之一，通过多次的实践证明，利用浅地层剖面仪进行海底探测具有良好的效果。

2.1.4.2　技术内容

浅地层剖面探测是一种基于水声学原理的连续走航式探测水下浅部地层结构和构造的地球物理方法。浅地层剖面仪（Sub-bottom Profiler）又称浅地层地震剖面仪，是在超宽频海底剖面仪基础上的改进，是利用声波探测浅地层剖面结构和构造的仪器设备，以声学剖面图形反映浅地层组织结构，具有很高的分辨率，能够经济高效地探测海底浅地层剖面结构和构造。

浅地层剖面仪是对海洋、江河、湖泊底部地层进行剖面显示的设备，结合地质解释，可以探测到水底以下地质构造情况。该仪器在地层分辨率和地层穿透深度方面有较高的性能，并可以任意选择扫频信号组合，现场实时地设计调整工作参量，也可以测量在海上油田钻井过程中的基岩深度和厚度，因而是一种在海洋地质调查、地球物理勘探、海洋工程、海洋观测、海底资源勘探开发、航道港湾工程以及海底管道铺设工程中广泛应用的仪器。

2.1.4.3　技术特点

浅地层剖面仪是在测深仪基础上发展起来的，只不过其发射频率更低，声波信号通过水体穿透床底后继续向底床更深层穿透，结合地质解释，可以探测到海底以下浅部地层的结构和构造情况。浅地层剖面探测在地层分辨率（一般为数十厘米）和地层穿透深度（一般为近百米）方面有较高的性能，并可以任意选择扫频信号组合，现场实时设计调整工作参量，可以在航道勘测中测量海底浮泥厚度，也可以勘测海上油田钻井平台基岩深度。浅地层剖面仪采用的技术主要包括压电陶瓷式、声参量阵式、电火花式和电磁式 4 种。其中，压电陶瓷式主要分为固定频率和线性调频（Chirp）两种；电火花式主要利用高电压在海水中的放电产生声音原理；声参量阵式利用差频原理进行水深测量和浅地层剖面勘探；电磁式通常为各种类型的 Boomer，穿透深度及分辨率适中。浅地层剖面仪的探测深度与穿透的介质相关，声波对淤泥、沙有着一定程度的穿透能力，但是对于块石、金属等材质穿透能力有限。目前国内部分管道不仅采用砂覆盖，而且使用块石进行覆盖，浅地层剖面仪等常规声学途径无法对其进行探测，于是就需要采用不受影响的磁学方法对其进行探测，海洋磁力仪是浅地层剖面仪管道探测很好的补充。

2.1.4.4　技术应用情况及效果

由于埕岛油田海底管道铺设的工艺以及海底冲积等自然因素的影响，管道在海底主要有悬空、裸露和埋藏三个状态，要在剖面图上快速准确地找到管道位置，不仅要对管道状态有一定的了解，而且要求技术人员对管道在剖面上的绕射弧进行准确的判断。以埕岛油田某施工项目为例，浅剖测量在整个测量过程中发挥出了重要的

图 2.1.4-1　浅地层剖面仪主体部分

作用，通过分析浅地层剖面仪实时传输的数据，可以准确地判断出海管在海底的埋藏情况，在很大程度上显示出了海底管道的隐患问题，也为后期的海管裸露、悬空等隐患治理提供了准确可靠的数据和参考信息。浅地层剖面仪主体部分、甲板单元和测量显示成果分别如图 2.1.4-1、图 2.1.4-2 和图 2.1.4-3 所示。

图 2.1.4-2　浅地层剖面仪甲板单元

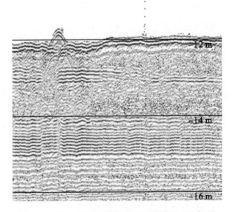

图 2.1.4-3　浅地层剖面仪测量显示成果

2.1.5　海洋钻孔取样技术

2.1.5.1　技术背景

随着人类对海洋矿产及油气资源探索和开发进程的不断深入,对获取海底地层样品的质量和作业效率的要求也在不断提高,人类需要深入地下,寻找油气资源以满足发展需要,而海洋钻孔取样是寻找油气资源中最重要的一步,依据对样品的检验来确定海底是否存在油气资源。为了早日发现更多的海洋油气资源,需要发展高效的海洋钻孔取样技术。

2.1.5.2　技术内容

根据取样用途、搭载和驱动方式、作业方式以及取芯筒结构等不同,海洋钻孔取样技术的表现形式和实现方式也不同。根据实际需求,从海底获取的地层样品的用途大概分以下几种:①工程需求,即建设海上设施的安全性评估,如海上油气开发平台及管道设施建设勘察评估等。②自然资源储量评估,如矿产资源、天然气水合物资源评估等。③科学研究需求,如区域地质背景、沉积环境及沉积年代分析等。根据 ISO 钻井设备设计技术规范,海上钻井设备的搭载和驱动方式可分为船载钻井驱动、远程遥控控制和海床式钻井驱动等。船载钻井驱动方式的优点在于钻进深度大,但是其受作业环境的影响也较大,并且对作业船舶的要求较高;海床式钻井驱动方式更加灵活、便于样品储运,且受作业环境影响较小,缺点在于钻进能力有限。

2.1.5.3　技术特点

经过 100 多年的发展,人们已不再把海底地层样品的获取率作为海洋钻孔取样技术的唯一追求目标,更多地关注获取样品的质量。近年来,深水海洋油气资源开发进程的加快对深水区沉积土层样品的获取质量提出了更高的要求。能否精确评估深水区海底岩土的力学性质,直接关系到深水油气开发工程的成本控制和工程设施的安全运营。目前,很多勘察公司都研制出了对海底土层具有较小扰动性的取样技术和装备,比较主流的是通过控制管道中液体压力或钻杆井筒中的泥浆压力实现取样器在土层中的匀速贯入,从而降低对土层的扰动程度。辉固(Fugro)公司的 Dophin 系统就是比较典型的利用泥浆压力驱动的取样和原位测试系统。该系统的取样器为井下无缆式,当钻至目的层位后,将取样器从井口自由下放至钻杆内,取样器与钻铤总成中的卡环固定,同时在钻杆中形成封闭空间,然后利用泥浆泵泵入泥浆,当钻杆中的泥浆压力达到一定值后,取样器内部的压力传动装置促使取芯管匀速贯入土层。另外,随着人类加大对天然气水合物资源的探索和开发力度,需对海底土层中的天然气水合物含量进行测试和评估,这不仅要求采取高质量的土层样品,而且应尽可能地让所采取的样品保持原始土层条件下的压力和温度,保真取样器应运而生。目前世界上较先进的保真取样器有 DSDP 采用的 PCB、国际大洋钻探计划采用的活塞取样器和保压取样器、日本研制的保温保压取样器,以及我国的大庆 MY-215 取样器和浙江大学研制的重力活塞式保真取样器等。保真取样器一般由钻头卡芯、球阀机构、内外岩芯筒总成、压力补偿系统、轴承悬挂总成和上部差动机构等 6 部分组成,同时还需配备岩芯储运和卸压分离等配套装置。

2.1.5.4　技术应用情况及效果

我国深水钻探能力的发展一直以来因国外的技术垄断而受到制约,但经过业内专家和技术人员的不懈努力,近年来取得了技术突破。2013—2014 年,中海油田服务股份有限公司与北京探矿工程研究所合作开展了"新型深水随钻取样器研制"项目,其成果"TK-01"型喷射式深水取样器被配置到"海洋石油 708"深水综合勘察船上,并在 1 720 m 水深条件下完成 100 m 连续取样。2015 年,由我国自主研制的"海牛"号深水钻机在南海 3 109 m 水深成功完成 60 m 海底钻探取样,标志着我国深水钻机技术跻身世界一流水平。

图 2.1.5-1　深海钻孔数字式静力触探系统

2.2　固定平台型式

埕岛油田地面建设采用半海半陆滚动开发,充分利用陆地生产设施,原油在海上进行简单的脱水、分离、计量,经登陆海底管道运送至陆地处理站生产出合格原油。海上油田油气集输系统主体生产区域采用中心平台与卫星平台相结合的布局方式,建成了以中心平台为主体,中心平台带动周围卫星平台的海上生产油气集输系统。

针对胜利埕岛油田独特的地理条件和开发环境,油田先后开发了多种平台结构型式,包括中心平台、井组平台、单井平台、单立柱平台、桶形基础平台、模块搬迁式采修一体化平台和模块固定式采修一体化平台等,这些平台结构型式都在油田得到成功应用,解决了特定的工程需要,为油田的稳步开发起到了重要作用。

2.2.1　中心平台技术

2.2.1.1　技术内容

中心平台是埕岛油田产能的核心,一般由3～5座子平台组成,均为桩基导管架固定平台。根据安全性及轻型化需要,建成的中心平台均为平台群,各平台分体布置,由栈桥连接,其中最大的生产平台为六腿直导管架桩基平台,也是唯一采用浮托法安装上部组块的平台,形成了具有自主知识产权的关键构件——浮装耦合装置LMU。

主要功能:油气处理、供配电、供热、污水处理、海水处理、注水、原油外输、生活和通信等。

主要工艺:生产初期气液分离后,全液增压输送到陆上联合站,天然气降低露点后低压输送到下游平台;后期分出部分污水后的含水原油通过外输泵增压输送到陆上的联合站进行集中处理。

主要性能指标:一般设计采用50年一遇海洋环境条件,水深5～20 m,海冰厚45 cm,抗8级地震烈度。使用年限20年。配备生活楼,定员30～70人。可以停靠1 000吨级以下油轮、交通船等。

2.2.1.2　技术特点

埕岛油田建成的各中心平台群实现了大型综合平台的各项功能,解决了在浅水区大型海工装备无法施工的难题,以轻型分体式平台群替代了大型综合平台,探索出了浅水区实现海洋油气水处理、动力、生活等综合功能的解决方案。同时,由于各项功能分别布置于不同的平台,功能区划更明显,管理方便,而且提高了平台运行的安全性。中心平台群设计、建造均采用国产化设备及原材料,采用了API国际通行标准,技术与国际接轨。

2.2.1.3　技术应用情况及效果

中心平台群以导管架桩基平台为主,充分利用了浅水区下部基础成本低的特点,化整为零,降低平台成本,见图2.2.1-1。形成的平台群技术,带动了埕岛油田地面产能建设的稳步发展,建成了我国首个超过300万吨的浅海大型油田。探索出了浅海油气田开发的新路子,对我国浅海油气田的开发具有很强的指导意义和推广应用价值。

图 2.2.1-1　中心平台照片

2.2.2　井组平台技术

2.2.2.1　技术内容

井组平台是胜利海上油田油气集输系统的重要组成部分(图 2.2.2-1 和图 2.2.2-2)。主要是 6 井式井组平台,也有较少用的 9 井式、7 井式、5 井式和 4 井式采油平台。生产的油气经加热通过海底管道输送至中心平台进行处理,边远区块可采用船拉油方式运输。

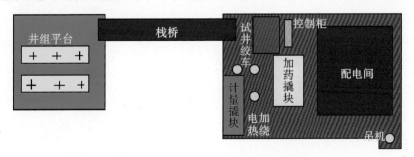

图 2.2.2-1　井组平台工艺平面布置图

(1)生产与井口分体式布局

生产平台与井口平台分体式布局,生产工艺设施、变配电室布置于生产平台上,与井口区分开布置,方便了管理,提高了人员操作的安全性。另外,生产平台与井口平台分体布置,使平台更加轻型化,方便小型浮吊安装,缩短海上建造工期,降低海上施工费用。

(2)轻型结构型式

井组平台由生产平台、井口平台及连接栈桥组成,井口平台多采用直导管架式结构,后期研发出新型水下基盘式结构,均采用轻型高效结构。

①生产平台。

生产平台为导管架轻型平台,多采用三腿、四腿结构,基础采用变壁厚开口钢管桩,采用灌浆水泥将导管架与桩基固结在一起。上部平台采用单层梁板结构,平台立柱与桩基础之间设过渡段连接。生产平台导管架侧面设靠船构件及带缆走道等设施。

②直导管架井口平台。

直导管架井口平台为早期设计的主流井口保护型式(图 2.2.2-3),井口隔水管通过钻井平台钻井下入直导管架内部,并通过灌浆水泥固结隔水管与直导管架,隔水管内部设置井口,为满足移动式修井平台需要,井口一般设置 6 井、9 井等。该轻型井口平台与生产平台分体布置,安装方便,布置灵活,对于油田高效开发起到了重要作用。

图 2.2.2-2 井组平台照片

③水下基盘式井口平台。

水下基盘式井口平台结构是中后期改进的井口保护结构型式(图 2.2.2-4)。为了克服原直导管架重心高、安装易倾斜的问题,采用了水下基盘式导管架结构,兼具水下导向基盘和导管架功能。水下基盘式导管架设主引导管和导管,只留主引导管至水面以上,方便安装定位,其他导管均位于水下,降低了重心,减少了海洋环境荷载作用。采用打入式桩基兼做井口隔水管结构,桩基与水下基盘式导管架采用水下灌浆技术固接于一体(图 2.2.2-5)。水下基盘式导管架用钢量较原直导管架减少 50% 以上,并且由于重心低,安装不易倾斜,减少了后期作业风险。该轻型结构成为埕岛油田中后期主力井口保护结构型式。

图 2.2.2-3 直导管架井口平台照片

图 2.2.2-4 水下基盘式井口平台照片

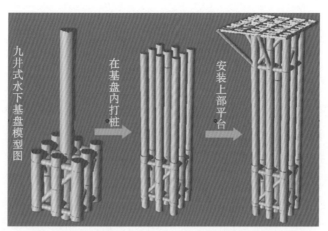

图 2.2.2-5   新型水下基盘式井口平台安装三维示意图

④栈桥。

栈桥多采用桁架式轻型结构,断面为矩形,跨距小时采用小型平面栈桥。栈桥内设置人行通道,两侧布置管道、电缆。栈桥一端设置固定或限位结构,另一端为活动端,以适应两端平台的变形需要。

(3)无人值守式生产管理

中心平台与井组平台相结合的布局形式,在井组平台上只设计简单的加热、计量工艺流程,简化了井组平台的工艺设施及流程;井组平台设计为无人值守式,降低了平台的安全等级;通过自动控制系统,在中心平台就可以实现井组平台的生产数据监控;这些技术特点使得平台具备轻型、高效特点。

2.2.2.2 技术特点

井组平台所具备的轻型、高效性适应埕岛油田早期的滚动开发模式,使油田能够快速高效开发,对油田产能的稳步增长起到了关键作用。形成的中心平台自动监控、井组平台无人值守的管理模式,提高了管理效率。

主要性能指标:井组平台设计采用埕岛油田 50 年一遇海洋环境条件,水深 5～20 m,海冰厚 45 cm,抗 8 级地震烈度,适用井数 4～9 口,使用年限 15 年,无人值守。可以停靠 1 000 吨级以下油轮、交通船等。

2.2.2.3 技术应用情况及效果

井组平台是一种轻型、高效小型平台,适用于极浅水油气田的开发,是低成本、高效益油田开发的平台形式。该种形式的平台在胜利埕岛油田得到了迅速推广,目前已推广 60 余座。

该种平台型式具有低成本、高效益开发特点,在国内外类似条件的浅海油田,具备广阔的推广应用空间。

2.2.3　单井平台技术

2.2.3.1　技术内容

单井平台是胜利海上油田油气集输系统中的重要组成部分。对于边远区块开发、探井转开发井起着重要作用,使边远区块、小油藏的开发成为可能。主要采用两种方式生产开发,一种采用船拉油方式,另一种采用管道集输方式。

（1）船拉油式单井平台

船拉油式单井平台为埕岛油田建造的第一座无人值守固定采油平台（图 2.2.3-1）,平台上设有油气分离器、气体洗涤器以及火炬等工艺设备,采用船舶拉运的间歇生产方式。平台按分体布局,由生产平台、井口平台、靠船平台及之间的连接栈桥组成,这种分体布置一方面提高了平台运行的安全性,另一方面轻型化平台方便施工安装,不需要大型施工机具。该平台的建成为埕岛油田的开发迈出了决定性的一步。

图 2.2.3-1　船拉油式单井平台照片

平台上部平台采用单层梁板结构,下部基础采用轻型导管架平台,一般设计为 3 腿、4 腿等,导管架上设置靠船构件;井口一般内置于轻型导管架平台中间,或者采用多根直桩围护结构。火炬设置于火炬桩上,火炬桩为单立柱开口钢管桩,桩顶设桩顶小平台。

（2）进系统式单井平台

进系统式单井平台一般设计为带内置井口的导管架采油平台,平台上设有电加热器、计量装置等工艺设备及配电室,平台上生产的原油经过简单计量、加热通过海底管道输送至中心平台（图 2.2.3-2）。井口区与生产区之间设置防火隔离墙。这种单井平台可以实现全天候不间断生产,无人值守,通过自动监控系统将生产数据实时传输至中心平台。降低了平台的运行费用,方便了生产管理。

进系统式单井平台结构设计同船拉油式一样，上部平台采用单层梁板结构，下部基础采用轻型导管架平台，一般设计为 3 腿、4 腿等，导管架上设置靠船构件；井口内置于轻型导管架平台中间。

图 2.2.3-2　进系统式单井平台照片

2.2.3.2　技术特点

卫星单井平台所具备的轻型、高效性适应了埕岛油田早期的滚动开发模式，使油田能够快速高效益开发，对油田产能的稳步增长起到了关键作用。形成的中心平台自动监控、卫星平台无人值守的管理模式，提高了管理效率。

（1）轻型结构型式

卫星单井平台结构均采用固定导管架式轻型结构，生产平台（采油平台）为导管架轻型平台，多采用 3 腿或 4 腿结构，基础采用变壁厚开口钢管桩，采用灌浆水泥将导管架与桩基固结在一起。上部平台采用单层梁板结构，平台立柱与桩基础之间设过渡段连接。生产平台导管架侧面设靠船构件及带缆走道等设施。该轻型结构安装方便，布置灵活，对于油田高效开发起到重要作用。

（2）无人值守式生产管理

中心平台与卫星平台相结合的布局形式，在单井平台上只设计简单的工艺流程，简化了井组平台的工艺设施及流程；单井平台设计为无人值守式，降低了平台的安全等级；通过自动控制系统，在中心平台就可以实现单井平台的生产数据监控；这些技术特点使得平台具备轻型、高效特点。

（3）单井平台主要性能指标

单井平台适应埕岛油田 50 年一遇海洋环境条件，水深 5～20 m，海冰厚 45 cm，抗 8 级地震烈度。卫星单井平台适用井数 1 口；使用年限 15 年；无人值守。可以停靠 1 000 吨级以下油轮、交通船等。

2.2.3.3　技术应用情况及效果

单井平台是一种轻型、高效小型平台，适用于极浅水油气田的开发，是低成本、高效益油田开发的平台形式。该形式平台在胜利埕岛油田得到了迅速推广，目前已建有 30 余座。

该种平台型式具有低成本、高效益开发特点，在国内外类似条件的浅海油田，具备广阔的推广应用空间。

2.2.4　单立柱平台技术

2.2.4.1　技术内容

埕岛地区冰情较重。一般年份冰厚为 5～15 cm，最厚可达到 60 cm。常年的海冰多属于一次寒潮侵入过程形成，多呈冰皮、莲叶冰，有时也有尼罗冰。重冰年的冰比常年厚得多。1966 年，埕北地区距岸 17～18 km 范围冰厚达 35 cm。1969 年，埕北地区西南部为厚冰堆积区，一般堆积高度为 2 m，东北部为平整厚冰区，冰层厚度一般为 20～30 cm，最厚为 60 cm。针对较重的冰情，且考虑埕岛油田的开发实际状况，研制了水下三桩塔式抗冰型单立柱平台，以实现在有冰海区的低成本、高效益开发。

①研发形成了水下三桩塔式抗冰型单立柱支撑平台技术，该型式单立柱平台与其他型式单立柱轻型平台相比，刚度大，适应水深范围宽，水面线附近结构简单，仅为 1 根单立柱支撑，井口位于单立柱内，最大限度减少了海洋环境荷载的作用。

②单立柱平台设计分析时考虑了变异性、随机性和模糊性等不确定性因素影响，对各构件进行可靠性分析和模糊优化分析，使结构系统在合理的可靠性基础上达到体系的最优化。

③对单立柱平台进行动冰力模型试验研究，测定了单立柱平台的动冰力反应。单立柱平台模型试验结果与数值模拟结果吻合较好，表明确定的单立柱平台设计分析方法是先进、可靠的，单立柱平台具有较好的抵抗冰荷载的能力。

④支撑桩与单立柱塔式基础水下连接采用灌浆密封与机械啮合相结合的方式，这种连接方式更安全可靠，海上施工风险小，无论是在单立柱海上安装期还是平台的正常服役期，均能提供可靠的连接。

⑤通过试验确定了支撑桩基与单立柱塔式基础水下灌浆固定的各种组分材料的配比及合理的灌浆工艺。确定的灌浆材料在海水中凝固时间短，在海水中不离析，水泥不流失，与钢管的黏结强度高，满足灌浆连接的要求。

⑥开发出适用于水下灌浆密封的"环形颚式"封隔器并进行了密封性能原型试验，试验结果表明该封隔器密封性能好、承受压力高，达到了预期的效果。

2.2.4.2　技术特点

查新结果表明，单立柱支撑平台在有冰海区应用为国内首次，水下三桩塔式支撑单立柱轻型平台整体技术达到国际先进水平。

主要技术突破及创新：

①研制出适用于有冰海区的水下三桩塔式抗冰型单立柱支撑平台结构型式。

②形成了利用"环形颚式"封隔器的水下灌浆技术与"机械啮合"装置相结合的水下桩与单立柱水下连接技术。

③主要性能指标：平台抗最大风速为 28 m/s；抗波浪能力为 6.6～10 m；抗冰厚为 45 cm；抗地震为 8 级地震烈度。适应工作水深 5～20 m；适用油井数 1～4 口。可以停靠 1 000 吨级以下油轮、交通船等。与常规井组平台相比，节省工程投资 30％以上。

2.2.4.3 技术应用情况及效果

2004 年，浅海轻型单立柱平台技术首次在某单井平台上得到了应用（图 2.2.4-1）。该种形式的单立柱平台可代替常规的 4 腿导管架平台，用于边际油田井口平台或无人值守的卫星生产平台。在简化海上施工作业、缩短施工工期的同时，与同等使用条件的常规导管架平台相比节约钢材 30％以上。

图 2.2.4-1 轻型单立柱平台三维图及照片

我国浅海海区蕴藏着丰富的油气资源，但就产量-效益评估，大部分属于边际小油田，其开发方式不同于陆地油田，也不能等同于一般的海上油田。目前在浅海有许多区块由于经济效益的制约，没有投入正式的开采。该项目研制的轻型单立柱平台，适用于有冰海区，使得原本经济效益低的浅海边际小油田的开采成为可能，在胜利等环渤海湾浅海油田有很好的市场需求及推广应用前景。

2.2.5 桶形基础平台技术

2.2.5.1 技术内容

"可移动桶形基础采油平台"属国家"863"项目，通过研究攻关，形成了一套设计方法,研发了一套智能化施工工具,研制了一座桶形基础平台,形成了包含理论研究、设计、施工、实时监控的一整套全新系统技术。

(1)浅海桶形基础平台初始负压建立技术

在浅海海区应用轻型桶形基础平台,受浅海环境条件和地质条件影响,初始负压建立困难,通过研究,采取薄壁端裙和加压载水箱的方式,成功地实现在浅海超硬地基条件下建立初始密封。

(2)浅海桶形基础平台沉贯防冲淘技术

浅海海区海洋环境条件特殊,受浪流影响,桶基在沉贯过程中容易产生淘空现象,在桶外加装防冲淘裙,可有效控制桶基周围地基的冲淘,确保顺利沉贯。

2.2.5.2　技术特点

在国外,桶形基础主要在北海油田应用于深水导管架平台。与国外相比,在浅水海区应用桶形基础克服了如下困难:首次在粉土地基中应用桶形基础平台,沉贯、抗拔等特性无可参照的设计公式、设计参数;平台重量小,表层地基硬,初始入泥及密封困难;海水浅,可用施工负压小;潮流影响大,冲淘严重,就位控制及初始密封困难。通过试验与研究,形成了在浅水区应用桶形基础的系统技术。桶形基础这一先进技术在我国海上平台的成功应用,使我国海上平台桶形基础系统技术获得长足进展,并在应用范围和条件、智能化施工技术等方面取得新的突破,总体技术达到了国际先进水平,部分技术居国际领先水平。

主要性能指标:

适应油田 50 年一遇海洋环境条件,水深 5～20 m,海冰厚 45 cm,抗 8 级地震烈度。可穿透黄河口区域海底承载力 10 MPa 硬壳层,并建立负压。桶形基础平台适用井数 4～9 口;使用年限 15 年;无人值守。可以停靠 1 000 吨级以下油轮、交通船等。

2.2.5.3　技术应用情况及效果

平台用桶形基础代替桩基础承力,用负压方法使平台整体沉贯,无海上打桩和焊接作业,可大幅节省平台用钢量和海上安装时间,降低平台造价;平台可拔出移位复用,提高平台利用率,保护海洋环境,与传统桩基平台相比,总造价可降低 30% 左右。对于开采周期较短的边际油田,平台的可移位重复利用的特点将带来明显的经济效益,甚至使原不具备开采价值的区块得以开发,并减少对海洋环境的影响。

埕岛油田桶形基础平台于 1999 年建成投产(图 2.2.5-1 和图 2.2.5-2),目前平台已经安全运行近 30 年。桶形基础这一先进技术在我国海上平台的成功应用,使得我国海上平台桶形基础系统技术获得长足进展,并在应用范围和使用条件、自动化施工技术等方面取得新的突破,达到了国际先进水平。该种平台型式的低成本、高效益开发特点,在国内外类似条件的浅海油田,具备广阔的推广应用空间。

图 2.2.5-1　桶形基础平台安装示意图　　　　图 2.2.5-2　桶形基础平台照片

2.2.6　模块搬迁式采修一体化平台技术

2.2.6.1　技术内容

随着勘探开发不断深入,不断遇到新的工程难题。埕岛油田海上建有几十座卫星井组平台均依赖移动式修井平台进行作业,移动式修井平台数量有限,使得修井作业矛盾突出,迫切需要开发一种新型的多井口采修一体化平台,该平台应具有采油、供配电、集输、修井等综合功能,解决移动式修井平台少的制约瓶颈。

模块搬迁式采修一体化平台(图 2.2.6-1 和图 2.2.6-2),实现了修井作业总体设计与常规海上采油工艺装备的有机结合。在参考国内外模块化技术的基础上,将整个修井装备分为三大模块(作业、动力和生活),通过互嵌式机械锁紧及动力缆有序排列程式化技术,能够完成修井作业装备的快速拆卸、运移、组装和作业,可实现一套修井模块完成多个采油平台的作业,将固定式采油平台与移动式修井平台的优点有机结合起来。

图 2.2.6-1　模块搬迁式采修一体化平台三维图　　　图 2.2.6-2　模块搬迁式采修一体化平台照片

（1）总体设计方案

研究形成了集井口平台与修井作业平台功能于一体的总体布置,可以承受修井作业荷载,并对油井进行保护的平台形式。通过研究确定采用生产平台和修井平台分体布置方式,生活模块、动力模块分体布置于生产平台;修井平台分两层布置,底层为井口平台,顶层为修井模块作业平台;生产平台与井口平台之间布置可兼做油管堆场的栈桥。

（2）模块化设计

研究形成可吊装搬运的修采模块,模块分修井主体模块和修井机模块。需要修井作业时,利用浮吊起重船,将主体模块和修井机模块放在井口作业平台上,采用快速锁紧机构短时间内即可联结固定。修井机模块可以在主体模块上纵向和横向移动,满足多井口的修井需要。当一个井组平台作业完成后,可以利用浮吊起重船及拖轮在短时间内吊运到另一个井组平台上进行修井作业,实现一套修井模块对多个井组平台的修井作业。该项技术将固定式采油平台的优点和移动式修井平台的优点有机地结合在一起,解决了油田开发过程中的技术难点。

（3）模块安装及连接技术

通过研究,解决了修井模块吊装变形、精确定位与快速锁紧固定技术难题。设计模块主体结构为箱形,通过对定位桩技术、倒链技术和索具螺旋扣定位技术的比较分析,最终确定采用索具螺旋扣定位技术。索具螺旋扣的调节幅度与单个螺旋的进退长度满足模块安装精度的要求。同时,索具螺旋扣是一种刚性件,拉压均可。壁板底部定位后,在一侧焊接有铰接附件的索具螺旋扣,与底板连接后,以调节螺旋量来保证壁板的垂直度。该方案克服了定位桩技术和倒链技术的缺点,使安装简单,所需人员少,耗材低,精度高,误差小,实现快速连接。

2.2.6.2　技术特点

将固定式采油平台与移动式修井平台结合于一体,优化了修井模块与井组平台的资源配置。

将桩基固定采油平台和移动修井平台有机地结合起来,为我国浅海油气田高效开发开创了新思路。

将修井作业平台设计成可吊装的整体模块,具有建造费用低、作业费用省、吊装安装方便等优点。

在浅海石油开发领域的修井平台上首次采用先进电驱方式——AC 变频电驱动,填补了我国浅海修井机变频电驱动的空白。

主要性能指标:

固定式采修一体化平台适应埕岛油田 50 年一遇海洋环境条件,水深 5～20 m,海冰厚 45 cm,抗 8 级地震烈度。修井模块适用井数 4～9 口;使用年限 20 年;可以停靠 1 000

吨级以下油轮、交通船等。

2.2.6.3　技术应用情况及效果

该新型平台研发完成后,建成了修采作业模块,成功应用于多座采油平台,实现了一座修采作业模块对多座采油平台修井作业的覆盖,解决了油田开发过程中移动式修井平台少的制约难题。

模块搬迁式采修一体化平台的推广应用,在缓解移动式修井平台数量少的制约因素同时,由于模块安装于固定平台上,修井作业受海洋环境影响小,作业时间长,每口井的作业费用相比移动式钻井平台大幅降低,解决了胜利埕岛油田开发中的工程难题,应用前景广阔。

2.2.7　模块固定式采修一体化平台技术

2.2.7.1　技术内容

随着胜利埕岛海上油田勘探开发不断深入,根据油藏加密调整规划,需新打加密调整井,以实现对老油藏的替补。如何兼顾经济性与安全性是整个埕岛油田开发、设计、施工、管理等统筹思考的问题。经过 10 多年的地面开发,油田地面开发设计、施工、管理等综合能力逐步增强,综合性平台的建设逐渐成为埕岛油田开发的迫切需要。另外,由于埕岛油田移动式修井平台数量严重不足,模块固定式采修一体化平台集采油、发电、集输、修井等多种功能于一身,适应了这种发展。

模块固定式采修一体化平台(图 2.2.7-1 和图 2.2.7-2),两侧可挂 2～3 座井口区。平台分为两层,上层平台布置有修井区、修井模块、生活楼、空压机房、吊机等;底层平台布置有变配电室、应急发电机房、海油工艺设施及消防泵等。可控制井口数量达 60 余口;固定式修井模块可在各井区间移动,实现多井区资源共享;安装期可实现双侧同时钻井,节省工期。与模块搬迁式采修一体化平台相比,避免了钻井平台撤离后井口缺少保护的缺点,提高了平台施工期安全;与移动式修井平台相比,由于受环境影响小,延长了修井模块的作业时间,提高了作业效率。

(1)固定式采修一体化平台及其扩展总体布置

通过对固定式采修一体化平台总体布置研究,兼顾移动式钻井平台能力,形成了平台两侧对称布置 A、B 井区,且利用轨道连通,共享修井模块的平面布局,两井区之间布置油管堆场,修井设施分散布置于两层平台甲板,双吊机覆盖,生活楼辅助支持等优化布置方式。

为充分利用固定式采修一体化平台上修井和生产设施,设计形成采修一体化平台外扩技术,在井区外侧新扩井区,并且采用机械连接构件,实现轨道连接及共享修井模块功能。

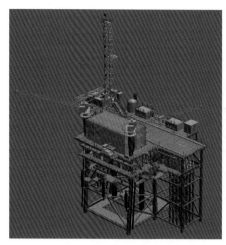

图 2.2.7-1　模块固定式采修一体化　　　图 2.2.7-2　模块固定式采修一体化平台照片
平台三维图

（2）固定式采修一体化平台及其扩展结构型式

通过对各类平台结构进行分析对比，优选出固定式采修一体化平台及其外扩结构型式。平台采用 10 腿桩基结构，主体区设置 6 腿单斜桩基，主体区两侧分别设 A、B 井口区，各井口区外侧设 2 根直立式边桩保护。平台外扩部分采用 4 腿单斜内置井口结构，在满足安全及使用要求条件下，方便海上施工安装。

（3）固定式采修一体化平台模块化扩展对接技术

固定式采修一体化平台与外扩平台的连接存在刚性连接、柔性连接及分体布置三种形式，通过方案对比及数值模拟分析，采用柔性连接的结构受力合理、抗震性能好，现场使用操作方便，设计了专用活连接轨道，对连接处设置限位节点。

（4）固定式采修一体化平台标准化设计、建造技术

为提高设计、施工质量，缩短工程周期，有效降低开发成本，对于固定式采修一体化平台进行详细的标准化设计，形成了技术系列，为埕岛油田后期一体化平台的推广应用打下基础。

2.2.7.2　技术特点

固定式采修一体化平台及外扩技术，实现了标准化设计和模块化施工，在降低工程投资的同时，有效缓解了海上修井能力不足对生产的制约。开发的固定式采修一体化平台及其外扩技术，在钻井期间可同步进行上部组块的陆地建造，实现了海工建造、钻井作业工序的优化，缩短了工程建设周期。

主要性能指标：

固定式采修一体化平台及外扩技术适应埕岛油田 50 年一遇海洋环境条件，水深 5～20 m，海冰厚 45 cm，抗 8 级地震烈度。修井模块适用井数 18～60 口；使用年限 20 年；平

台设计定员 35 人。可以停靠 1 000 吨级以下油轮、交通船等。

2.2.7.3 技术应用情况及效果

模块固定式采修一体化平台及外扩技术适合埕岛油田开发的需要,集采油、注水、集输、修井等多种功能于一身。实现了标准化设计及模块化施工,在降低工程投资的同时,有效缓解了海上修井能力不足对生产的制约;同时平台结构型式优化了海工建造和钻井作业工序,缩短了井组开发建设周期,较常规井组平台开发模式提前 3 个月实现投产,整体效益突出,对提高胜利海上油田开发具有重要推广应用前景。

项目研究成果在胜利海上开发油藏调整工程中得到推广应用,第一座模块固定式采修一体化平台于 2006 年 10 月建成,此后十几年间,相继建成 10 余座固定式采修一体化平台,并且先后在多座平台上实施了平台外扩技术,模块固定式采修一体化平台及平台外扩技术已经成为埕岛油田中后期地面开发的主力平台形式,对油田油藏调整及产能稳步提升发挥了重要作用。

2.3 标准化设计

2.3.1 三维数字化设计技术

2.3.1.1 技术背景

数字化集成设计系统是基于三维工厂设计系统软件的集工程设计、施工、管理等方面的功能于一体的系统,为现代工程项目管理从粗放被动型向精细主动型发展创造了十分有利的条件。

数字化的概念随着计算机和信息网络技术的发展,从科学研究和尖端军事技术逐步扩展到民用市场。现在越来越多的行业和企业开始接触、理解和运用数字化概念和产品。

单从字面上理解,可以将"数字化设计集成系统"拆分为"数字化的""设计""集成""系统"等多个元素。数字化相较于传统的模拟方式,具有同步性、语言性、准确性、可复制性、精确度以及可压缩性等特点。狭义的集成是各类集成设计工具的集成;广义的集成,不仅包括设计工具的集成,还包括了工作流程以及业务应用的集成。为了能够充分考虑经济因素和人文因素,设计不仅要集成各专业设计(E),还应该与采购(P)和施工(C)应用程序以及其他工程软件集成,如与工程进度软件集成、与材料管理软件集成、与建造安装系统集成、与工厂管理系统集成等。

2.3.1.2 技术内容

数字化设计平台以数据为核心的数字化集成设计平台(图 2.3.1-1 和图 2.3.1-2),为工艺、设备、配管、仪表、电气、结构、建筑、暖通、给排水、储运等专业提供了一个信息共享、协同工作环境,实现了设计系统设计与三维设计的协同,确保了设计数据信息共享和安全管理,为建立数字化工厂和实现智能工厂提供了数据来源和数据基础。

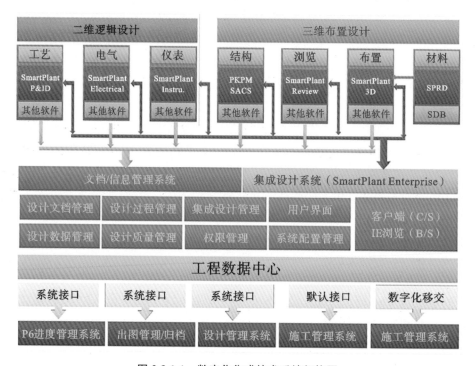

图 2.3.1-1　数字化集成技术系统架构图

①数字化设计编码及建库技术:开发集成设计编码体系,提高了设计规范性,为实现工程信息共享和集成提供基础;开发建库技术,建立上中石化上游企业最完整的各专业(管道、工艺、自控)数据库,适用于油气田工程类领域。

②数据流开发技术:通过梳理数据字典,编制油气田地面工程的数字化集成设计系统,各专业间数据流,并通过软件实现数据自动流转,消除了"信息孤岛",实现了多专业数据共享。

③多专业集成及远程协同设计技术:通过专业间数据流,实现大数据流的管理和运行,在多专业远程协同集成设计技术方面处于全国领先水平。

图 2.3.1-2　埕岛油田采修一体化平台三维效果图

④智能化、参数化设计建模技术:基于.NET开发的多专业三维智能图元建模技术,以参数驱动模型,从而实现标准化、系列化,并可按需自由扩充。

⑤规则驱动的自动化设计技术:实现二维逻辑原理设计与三维模型实体设计的智能化自动匹配校验功能,大大提高了设计的准确性和工作效率。

⑥可视化设计技术:通过三维可视化设计技术,实现"所见即所得",三维直观地进行设计、实现实时更新、可视化及动态碰撞检查,大大提高了设计效率。

⑦智能化开放式的数据接口技术:多软件平台、多格式模型参与整合,为数字化工厂、管道建设奠定基础。

⑧智能支吊架开发技术:以设计过程智能化、出图开料自动化和智能支吊架模型数据库为技术路线,实现了自动命名、管径匹配、杆件自动拉伸、长度荷载测试等功能;解决了手动出图开料繁琐、不准确、风格不统一的设计痛点;形成了智能支吊架模型数据库;建立了工程领域模块化工程支吊架智能设计新方法。

⑨设计和施工阶段管道焊缝信息在S3D设计平台上的自动映射和交互技术:通过管道焊缝批量添加和管道焊缝自动导入S3D模型的研究,实现了设计数据与施工数据同步修正和加工设计阶段管道焊缝自动导入S3D模型功能,提高加工设计阶段准确度,降低加工设计阶段工作量,保证形成高质量的数字化交付成果,为数字化交付和运营期管理提供数据基础。

2.3.1.3　技术特点

人、计算机、应用软件、面向专业的工作流程和以数据为核心的工作平台,这五大因素构成数字化集成系统的基本要素。目前,影响工程设计质量和效率的瓶颈主要发生在专业之间的沟通和协调。数字化集成系统,首先是数字化的,工程设计的对象都以数据的形式存放在这个系统中,每个专业的每个工程师都可以根据自己在项目中的角色,拥有和管理属于自己的工程对象,同时还可以浏览和分享其他项目人员的工程对象;其次是集成的,负责协同设计一体化,解决专业间的沟通和协调问题,保证专业设计修改可以及时准确地传递给下游相关专业。集成系统能够保证各个专业使用的第三方软件之间能够交换数据,同时具备管理工程文档的功能、管理设计版本的功能、设计浏览和审批功能等。一个好的集成系统,应该有能力把各种语言解析成通用的表达方式。

数字化集成系统可建立一个覆盖EPC项目管理全过程的、统一的、跨地域远程协同的数字化集成设计平台。数字化集成技术系统(SIES)经过10多年的发展,实现了工程设计的"标准化、数字化、可视化、智能化、集成化",可满足工程全生命周期管理需求。

2.3.1.4　技术应用情况及效果

完成陆上终端、采修一体化平台、地面集输工程等数字化集成设计工作,运用数字化集成设计累计完成20余座海上平台、40余座集输管道站场、10余座油气处理站的设计工作。

2.3.2　三维配管技术

2.3.2.1　技术背景

海上平台因其设备布置紧凑,管系错综复杂,按类型划分是受限空间安装的典型代表。从配管技术难度来说,是远超同规模同流程陆上处理装置的,本身对于配管安装就是一项严峻考验。

传统二维设计技术,由于没有三维实体作为参考,经常出现设备接管偏离、工程实体碰撞、干涉逃生通道等问题。又因平台整体建设周期短、海上工程建设物资采购周期长等客观因素,一旦配管定型则整改难度大,调整余地小。

三维配管技术,因其能够实现"所见即所得"的可视化理念,充分体现受限空间内的布局形式和安装效果,故而成为解决平台配管难题的良方。从国内外大型海洋工程发展历程看,三维配管设计对提高项目设计质量和设计效率,具有非常重要的意义。

2.3.2.2　技术内容

三维配管技术是一项综合性技术,融合了材料、安装、应力、信息技术等多个专业内容。按照三维配管技术的设计流程和实现手段,大体可将其分为四个部分。

(1)材料编码建库

为了实现三维设计过程中调用资源的统一,首先需要由专业工程师根据项目类型和工艺条件,在三维工厂底层建立项目级的材料等级库种子文件。后续三维配管设计中所有用到的材料,均从该数字材料库中调用。因此,材料库既是三维配管能够实现的前提条件,也是确保后续提交文件准确性的关键。

(2)构建三维图元库

除了底层材料库的支撑,设计还需要可视化的三维图例才能完成三维配管搭建。由于底层材料库均为二维代码数据,因此三维图例的构建就是将二维代码通过型文件将其转化为三维实体。此项工作除了借助软件本身优势外,还需要多年工程经验的支撑。通过近 10 年埕岛油田海洋平台的工程经验,设计系统内已经总结出了一套适用于胜利海上的三维图元库,包括设备、管道、阀门、特殊件、支吊架等各种平台设施,并且可根据需要随时进行扩充。这些图元不但是三维建模的基础,也是实现平台标准化的重要技术支撑。

(3)三维模型审查

三维模型审查是配管设计过程中重要的里程碑事件,是控制质量和进度的有效方法。通过系统全面的三维模型审查,可以有效减少后续施工中调整变更的数量。目前,三维配管过程中一般采用 30%、60% 和 90% 三阶段模型审查。在海上平台建设过程中比较重要的设备安装空间核实、管道应力校核、专业间碰撞检测，预留通道空间检查等工作，都可以随时在模型中进行动态核验，有效减少了施工阶段的调整工作量，提高了设计完成度。

（4）智能文件抽取

在完成三维建模后，工程所需要的材料表、管道布置图、单管图等配管成果文件就可以利用信息技术部门定制好的专用模板进行智能抽取。由于采用计算机出图，除了减少设计人工时、缩短出图时间外，也提高了成果文件准确性。多个平台项目的实践证明，利用计算机抽取出来的数据能够满足施工用量的需要，现场材料管理更加精准可控。

2.3.2.3　技术特点

由于三维配管技术相比二维配管技术属于跨阶式升级，具有明显的优势和先进性。此处仅对比目前尚在使用的第一代三维设计技术——PDS 展示其优势和先进性。

首先是实时性。作为第二代三维配管技术，三维配管时设计人员无须再手动对建模实体进行添加刷新。而是由计算机后台服务器进行数据收集，并实时在工作环境中进行更新。这就避免了因为人工导入不及时而造成的设计不同步，有效解决了同期开展工作的协调问题。

其次是准确性。第一代三维配管设计软件因为驱动引擎问题，材料等级库文件是作为外挂文件独立进行保存；而第二代三维设计软件是将材料库文件单独设置服务器区域进行存放。尽管从使用方面来讲都满足设计要求，但是由于种子库文件堆叠存放不利于维护，而且一旦修改无法确保每个客户端更新调用的根源性问题，注定存在数据不准确的风险。

最后是完整性。在数字化移交时，需要配管能够提供管道走向、材料、规格等各种参数，以满足后期焊接数据导入、智能化信息采集等要求，这些都基于管道完整性移交。而第一代三维设计软件是不具备移交功能的，这就注定其无法满足数字化时代高标准的工程建设要求。

三维配管技术作为数字化集成设计技术的重要组成部分，是具有当前世界范围内最优秀的软件作为支撑的一项前沿技术。

2.3.2.4　技术应用情况及效果

自 2011 年开始，埕岛油田的部分海上平台就开始采用国际知名的 INTERGRAPH公司 S3D 软件进行三维配管设计。采用该套设计系统，相继完成了多座井组平台和中心平台的建设工作，既满足了油田快速上涨的产能需要，也实现了平台标准化快速部署。采修一体化平台管系效果图和生产平台效果图如图 2.3.2-1 和图 2.3.2-2 所示。

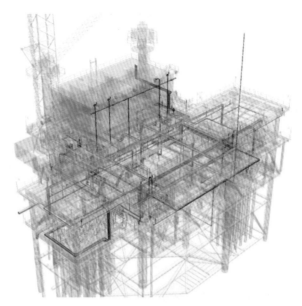

图 2.3.2-1   采修一体化平台管系效果图

图 2.3.2-2   生产平台效果图

在建设过程中,得益于先进的三维设计技术,使得结构、配管、电仪、暖通、舾装、通信等多个专业,可以在同一平台上进行设计,大大提高了设计效率和精度。对比以往不可实现数据集成及实时更新的配管设计技术,在配管专业材料统计准确性、整体配管精度、现场管道预制深度等各方面,都凸显了较高的水准,有效解决了现场错漏碰缺等低老坏问题,现场变更数量大幅下降,取得了良好的经济效益和高质量的安装效果。

2.3.3 结构数值模拟分析技术

2.3.3.1 技术背景

现代海洋工程技术的飞速发展,离不开数值模拟技术的发展,结构数值模拟有限元软件也在不断地升级换代。

埕岛油田经过近30年的开发,已形成了全套的结构数值模拟分析软件,包括平台结构分析软件如 SACS,ANSYS,GRLWEAP;海底管道结构分析软件如 OFFPIPE,AutoPIPE,JPKPipeCalc 等。

2.3.3.2 技术内容

采用了包括海洋固定平台、海底管道设计专用数值分析等工程软件。

(1)SACS 软件

SACS(Structral Analysis Computer System)软件由美国 Engineering Dynamics Incorporated(EDI)工程软件开发公司开发,是专用于海洋结构工程的静动力结构分析系统。该系统功能齐全、方法先进、便于使用,是国际上比较先进的被普遍使用的结构分析程序。

SACS 软件包含 20 多个互相兼容的不同功能的模块,不仅适用于各类海洋结构分析,也适用于各种民用建筑结构分析。导管架平台设计常用的功能模块包括静力分析模块、非线性附加软件包、动力疲劳分析软件包和海上运输及安装分析附加软件包。

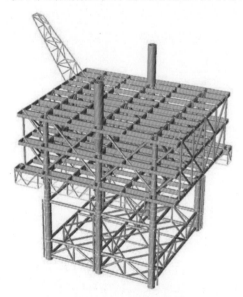

可完成导管架平台设计中如下工作:建立结构模型、构件特性,并可显示两维和三维立体模型(图 2.3.3-1);固定荷载、环境荷载、活荷载、施工荷载、动力荷载等的输入和转换;求解及结果规范校核;管节点冲剪校核;结构动力特性分析;波浪、地震、机械振动、冰激振动等动力分析;桩土相互作用非线性分析;结构疲劳分析;拖航分析;下水分析;吊装分析;船舶碰撞分析;倒坍分析;结构环板等局部分析。

(2)ANSYS 软件

ANSYS 软件是大型通用有限元分析软件。由世界上最大的有限元分析软件公司之一的美国 ANSYS 开发,它能与多数 CAD 软件接口,实现数据的共享和交换,是现代产品

图 2.3.3-1　SACS 程序数值模型

设计中的高级 CAD 工具之一。海底管道设计过程中的复杂节点(如管卡、锚固件等)的详细有限元分析工作可由其完成。另外,海底管道的跨越设计和浮拖施工分析也可用 ANSYS 模拟完成。导管架平台设计过程中的复杂节点(如吊耳、复杂的梁柱节点、吊机固定节点等)的详细有限元分析工作可由其完成。

ANSYS 软件主要包括三个部分:前处理模块、分析计算模块和后处理模块。前处理模块提供了一个强大的实体建模及网格划分工具,用户可以方便地构造有限元模型;分析计算模块包括结构分析(可进行线性分析、非线性分析和高度非线性分析)、流体动力学分析、电磁场分析、声场分析、压电分析以及多物理场的耦合分析,可模拟多种物理介质的相互作用,具有灵敏度分析及优化分析能力;后处理模块可将计算结果以彩色等值线、梯度、矢量、粒子流迹、立体切片、透明及半透明(可看到结构内部)等图形方式显示出来,也可将计算结果以图表、曲线形式显示或输出。

(3)GRLWEAP 软件

GRLWEAP 软件是目前世界上应用广泛的打桩过程模拟软件,由美国 Pile Dynamics 公司开发,可进行打桩动应力、桩承载力和桩可打性分析等。

GRLWEAP 软件的主要功能包括:

对于给定的桩锤系统,GRLWEAP 软件可依据实测的锤击数计算打桩阻力、桩身动力应力变化及预估承载力;可用贯入度替代锤击数进行振动打入桩分析;对于已知的打桩过程土质情况及承载力要求,GRLWEAP 软件可以帮助选择合适的锤和打桩系统;可打性分析可确定打桩过程中桩身应力是否超限或拒锤,预期的拒锤深度;估计总打入时间。

(4)OFFPIPE 软件

OFFPIPE 软件是全球应用最广泛的海底管道安装操作模拟及结构分析软件。OFFPIPE 软件为美国 RCM(Robert C. Malahy)开发,是国际海洋工程界公认的海底管道施工分析有限元软件。其主要功能如下:

①对铺管驳船和铺管托架配置进行静态和动态布管分析;

②铺管开始、弃管及收管的分析;

③计算不规则海底情况下静态管道压力、跨距和位移;

④对常规吊装和海底管口的静态吊架式起吊分析,以及对接后下放分析。

(5)AUTOPIPE 软件

AUTOPIPE 软件由美国 BENTELY 公司开发,是用于计算管道应力、法兰分析和管道支架设计的专业软件(图 2.3.3-2),遵循 22 种管道法规,还结合了 ASME、欧洲、英国标准,API,NEMA,ANSI,ASCE,AISC,UBC 和 WRC 准则和设计规范,广泛应用于管道的应力设计。该软件将传统的工程设计与高级且独具创新的三维建模技术结合起来,提高模型在设计变化中的作用,具体包括先进的非线性分析、海管功能、FRP/HDPE 管道建模、埋地管道、流体瞬态冲击分析、转动设备、支架优化等。海底管道设计中用该软件实现海底管道关键部位——立管的详细应力分析以及海底管道浮拖施工分析。

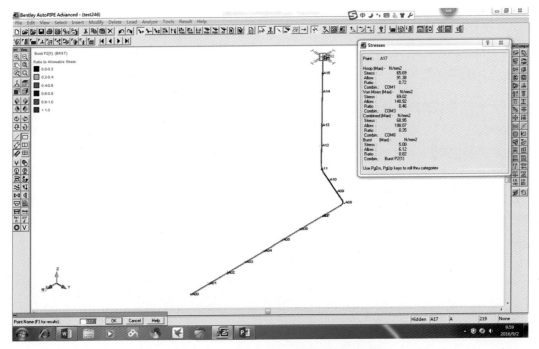

图 2.3.3-2　AUTOPIPE 海底管道立管数值模型

（6）JPKPipeCalc

JPKPipeCalc 软件为国际著名海洋工程公司 JPKEENY 开发的海底管道设计分析软件，为挪威船级社（DNV）认证的软件，使用该软件可实现海底管道壁厚设计、稳定性分析、悬空防护设计、膨胀应力分析、屈曲分析、热传递分析、压力递减分析等。

2.3.3.3　技术特点

埕岛油田的地面建设离不开数值分析技术的发展，所采用的软件均与国际接轨，既有海工结构专有分析软件，也有大型通用有限元分析软件。数值分析依据的规范涵盖了国家标准、行业标准以及国际上 API，DNV 标准等，始终保持着各项分析软件的升级和维护，代表着国际上数值分析领域最新技术水平。

2.3.3.4　技术应用情况及效果

埕岛油田已建海底管道 300 多千米，平台 100 余座，均是数值分析软件应用的成果。其中，平台结构设计主要采用 SACS 软件进行平台整体数值分析，ANSYS 软件进行局部关键节点有限元分析，GWEALP 软件进行打桩分析。海底管道设计主要采用 AUTOPIPE 软件进行立管综合分析，采用 OFFPIPE 软件进行施工阶段应力分析，JPKPipeCalc 软件进行稳定性及屈曲分析等。

2.3.4　标准化设计技术

2.3.4.1　技术背景

为适应海上油田产能建设需要,结合海洋环境特点以及生产类型特点,以海洋平台为主的海上油田开发设施,在近30年的工程建设中,逐步提升标准化、模块化程度,形成了一系列标准化技术方案,保证了海上油田持续稳产。

形成了埕岛油田海上采修一体化平台标准化设计成果,主要包含标准化设计库、采购文件模板、标准图集、标准化三维设计模型等系列成果,基本实现了标准化的平面布置、海工结构、工艺流程、设备选型、三维配管等一系列统一做法,提升了工程建设质量及效率。

2.3.4.2　技术内容

（1）固定式采修一体化平台及扩展技术

固定式采修一体化平台是在修井资源紧张、平台井口数量不断增加的情况下设计开发的,集采油与修井功能于一体的卫星平台形式。平台上部设有固定式修井机,可满足修井作业的需要;井口外挂于平台两侧,每侧可外挂20口井;标准化设计基于数字化模式,对平面布置、海工结构、工艺流程、设备选型、三维配管等进行归纳总结,形成标准化设计成果。根据平台油水井数量不同形成了18井式、24井式、32井式、40井式等四种采修一体化平台标准化设计。

（2）海洋平台生活模块标准化设计技术

海洋平台生活模块标准化、系列化设计。生活模块地面材料、椅子的面料、床垫等采用低播焰性、低毒性材料;住人间设计有高速网络、卫星电话系统和电视广播系统,便于人员与外界信息沟通;住人间与盥洗间、医疗室等通风系统分开设计,确保空气新鲜无污染,住人间空调出风口设计有布风器,增加了人员舒适感。钢制隔墙与错缝排板,改善房间隔音效果。形成了25人、35人、60人以及70人的生活楼标准化做法。

（3）海上卫星平台就地分水回注一体化技术

针对渗透率高、提液量大、管网输送能力不足、回压高的远端平台,研究海上卫星平台就地分水回注技术路线,确定最佳技术路线"油水分离＋旋流＋密闭气浮＋稳压注水"。该工艺确保采出水最大限度保持地层原状态就地回注,减少集输系统改扩建工程量,降低海上平台与陆地站场采出水来回调输的能耗。形成了两种规格系列的标准模块。

（4）海洋平台延寿模块化改造系列技术

针对胜利海上平台逐步达到设计寿命、超期服役的问题,形成了平台结构延寿加固系列技术,为平台继续安全运行提供了保障。该系列技术主要包括:

①工艺装置更换模块化、系列化,提高工厂化预制程度,实现海上模块化安装。

②研究电控系统一体化集成装置,整体一次性改造方案优于局部分次改造时,考虑整体更换,大幅减少海上工作量。

(5)标准化设备及材料采购

埕岛油田共编制了 60 余项海上平台用产品采购技术要求,包括海上平台油气系统、水处理系统、海工结构、电力系统、自控系统、通信系统、消防系统、暖通系统、逃救生设备等撬块采购技术要求,全面地达到了埕岛油田平台用产品的标准化采购需求。

同时针对以往采购的散料种类繁杂、数量较少的问题,开展尺寸规格系列化,合并可以共用的材料种类,形成了标准化材料库,减少材料种类近 30 种,方便采购。

2.3.4.3 技术特点

发挥设计技术优势,以标准化设计理念为指导,陆续取得了一系列成果。其中标准化采修一体化平台及标准化生活模块已在 10 余座平台中推广应用。

标准化井口设压力、温度指示及数据远传,压力异常连锁采油树主阀,井下安全阀,井上安全阀,确保生产安全;对套管气回收,进入生产系统,杜绝套管气放空引起的安全环保隐患,提高效益。

标准化管汇的设计和开发,预留油井的接入能力,减少后期改造工作量;配备远程监控仪表,实现远程操作管理。

标准化加热、计量撬块的设计和开发,撬块集成化设计,自带可逻辑控制器 PLC 和自控接头,与外部管网和其他模块采用法兰对接,减少现场动火工作量。实现陆地工厂化预制,海上模块化安装。

2.3.4.4 技术应用情况及效果

(1)研发了适用于埕岛油田的多井口采修一体化平台及其外扩技术(图 2.3.4-1～2.3.4-4)

开发的多井口采修一体化平台及其外扩技术,下部基础采用分体直立导管架结构,上部组块采用整体连接外扩结构,实现了模块化设计与施工。通过整体设计,分步建造和安装,实现了海工建造、钻井、完井等作业工序的优化,缩短了油田开发建设周期,整体效益突出。

(2)加大陆地预制深度,减少海上停产时间

以某平台隐患治理项目为例,该工程涉及的工艺复杂,现场拆除工作量难度大,平台空间狭小,存在多处交叉作业等诸多不利因素,对储罐平台高架管廊、动力平台外输计量阀组等采取模块化设计思路,加大陆地预制深度,减少了海上施工工作量及停产时长,取得良好效果。

（3）设备设施撬装化

充分利用平台高度空间，生产工艺装置如计量分离器、电加热器等选用立式设备，减少平台占地面积；开展设备设施的撬装化设计，如三相分离器、天然气处理装置、加药装置、气浮装置、金刚砂过滤器、井口计量生产管汇、计量分离装置、电加热器、注水泵、原油外输泵、管廊带等设备设施，实现了整体采购、模块化施工，提升了工程质量及整体技术水平。

图 2.3.4-1　标准化采修一体化平台

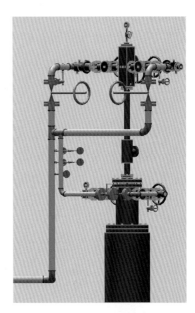

图 2.3.4-2　标准化井口采油树

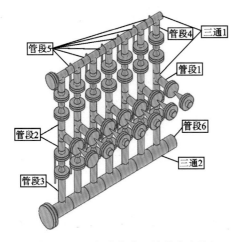

图 2.3.4-3　标准化井口计量生产管汇

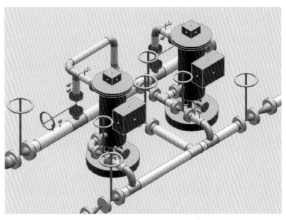

图 2.3.4-4　标准化加热模块

2.4 平台防腐

2.4.1 管道和设备保温技术

埕岛油田海上平台长期处于恶劣的海洋环境中,冬季极端气温可达到－18℃。保障油气生产的安全运行,做好海洋平台工艺管道和设备的保温工作十分重要。

2.4.1.1 技术内容

海上平台环境潮湿,冬季极端气温低,存在低温冻堵和凝管风险。同时平台空间小、施工作业频繁,存在碰撞的风险。保温层要求防水性能好,传热系数低,保温性能好。外面包裹保护面层,要起到防止外力损坏保温层,防止雨水、潮气的侵袭,美化外观的作用。海上平台常用保温材料有硅酸壳、离心玻璃棉、柔性橡塑等,保护层有玻璃丝布、黄夹克、不锈钢、镀锌铝皮等。

埕岛油田海上平台选用的保温材料,如图 2.4.1-1 所示。经过了多年的工程优选,目前在用的保温材料为复合柔性橡塑,其回弹性好,抗水力强,燃烧性能 B1 级,适应温度－50℃～110℃。在用的保护面层为不锈钢,不易锈蚀,外观美观,定型好。

图 2.4.1-1　海洋平台保温材料

2.4.1.2 技术特点

复合柔性橡塑保温材料制品外观整齐、无凹凸不平、断裂、夹杂物、变质、残缺等缺陷。复合层严密,具有整体防水功能,防止水和水汽进入。主要的物理性能指标如表 2.4.1-1 所列。

表 2.4.1-1 保温材料物理性能指标表

性能项目	指标	
	板材	管材
材料成分组成	PVC/NBR 复合层	PVC/NBR 复合层
表观密度 kg/m³	55～65	55～65
导热系数 W/(m·K)(平均温度 0℃)	≤0.034	≤0.034
抗老化性能	150 h 轻微起皱,无裂纹,无针孔,不变形(GB/T 16259)	150 h 轻微起皱,无裂纹,无针孔,不变形(GB/T 16259)
真空吸水率％	≤4.0	≤4.0
湿阻因子	≥15 000 (GB/T 17146)	≥15 000 (GB/T 17146)
燃烧性能	难燃 B1 级(B-s2,d0,t1) (GB 8624)	难燃 B1 级(B-s2,d0,t1) (GB 8624)
适应温度范围℃	—50～110	—50～110

2.4.1.3 技术应用情况及效果

"复合柔性橡塑＋不锈钢保温层"的保温防护形式已经在埕岛油田 100 余座平台中得到推广应用。对于不同管径的管道及设备保温已经形成了标准化的做法。如表 2.4.1-2 所列。

表 2.4.1-2 保温设备规格

序号	管道、阀门规格(mm)	保温材料规格	不锈钢保护面层厚度(mm)
1	无缝钢管 Φ21.3×4.78	复合橡塑保温管壳 内径 21.3 mm 厚 25 mm 难燃型	0.5
2	无缝钢管 Φ60.3×5.54	复合橡塑保温管壳 内径 60.3 mm 厚 30 mm 难燃型	0.5
3	无缝钢管 Φ88.9×7.62	复合橡塑保温管壳 内径 88.9 mm 厚 30 mm 难燃型	0.5
4	无缝钢管 ≥Φ114×7.62	复合橡塑保温板材 厚 35 mm 难燃型	0.5
5	阀门	复合橡塑保温板材 厚 35 mm 难燃型	3
6	保温设备	复合橡塑保温板材 厚 35 mm 难燃型	1

2.4.2 平台涂层防腐技术

2.4.2.1 技术背景

由于海上平台长期处于恶劣的海洋环境中,腐蚀非常严重,为了保障油气生产的安全运行,做好海洋平台的防腐蚀工作显得十分重要。

海洋平台的防腐层是海洋平台多种防腐蚀措施中采用最广泛的防护措施,防腐层又包括防腐涂层、包覆层、金属热喷涂层等多种结构,在寿命、成本及防护能力方面也各有优劣。其中,对于导管架和甲板及以上钢结构的腐蚀防护,防腐涂层是最常用的腐蚀防护手段。经济有效的防腐涂层体系是新建海洋平台安全运营的亟须条件。

2.4.2.2 技术内容

海洋环境从上到下可以分为海洋大气区、浪溅区、海水潮差区、海水全浸区和海底泥土区5个腐蚀区带。国内外长期的海洋腐蚀研究结果表明,钢结构设施在海洋环境不同腐蚀区带的腐蚀速度有明显差别。

根据《滩海石油工程外防腐技术规范》(SY/T 4091)、《海上构筑物的保护涂层腐蚀控制》(SY/T 6930)的要求,开展涂层体系配套研究,针对不同区域制定适宜的防腐涂层体系,以满足不同环境的使用要求。海洋平台的涂层体系得到进一步的提升优化,涂料及配套体系通过 NORSOK M-501 系统资格认证,实现涂层使用寿命不少于 20 年。

平台结构防腐涂层体系见表 2.4.2-1。

表 2.4.2-1 埕岛油田海洋平台涂层体系

钢结构名称	防腐材料	道数	干膜厚度(μm)	干膜总厚(μm)
甲板	低表面处理厚膜型环氧涂料	2	≥400	≥450
上、下表面	丙烯酸聚氨酯面漆	1	50~75	
导管架	超强厚膜耐磨环氧漆	1	≥600	≥600

埕岛油田海上平台涂层体系与国际接轨,极大地提高了涂层防护性能。例如,大气区要求涂层配套体系通过 NORSOK M-501 中资格认证的要求,即涂层配套体系应通过 ISO 12944-9 中循环老化试验(4 200 h),结果应满足 ISO 12944-9 的要求;飞溅区要求涂层配套体系通过 NORSOK M-501 7a 系统资格认证的要求,即涂层配套体系应通过 ISO 12944-9 中循环老化试验(4 200 h)、耐阴极剥离性试验(4 200 h)、海水浸泡试验(4 200 h),结果应满足 ISO 12944-9 的要求。

2.4.2.3 技术特点

该项技术立足埕岛油田海上平台及国内类似海洋结构,重点实现了新建海上平台钢结构的防腐涂层体系建立。经过近 30 年的使用和不断改进,目前形成了适宜埕岛油田海上平台的不同区域涂层涂装的典型涂层体系和施工检验等技术要求。

随着在役海上平台涂层维修技术的研究进展,新建海上平台的涂层体系也得到了进一步提升。对延长平台涂层系统的使用寿命,减少海上涂层维修工作量,降低全生命周期的费用,提高经济效益有着显著的作用。

2.4.2.4 技术应用情况及效果

该项技术自埕岛海洋油田开发之初一直使用至现在,对延缓海上平台钢结构腐蚀,保护海上平台的安全运营起到了积极的作用。

按照 NORSOK-501 标准的要求,筛选出性能优异的长效涂层配套体系,满足埕岛油田海上平台设计寿命的要求,简化涂装工序,提高经济效益,为后续新建海上平台的腐蚀安全防护技术提供试验数据支撑。该项技术的应用,延长平台系统的使用寿命,减少海上平台涂层维修工作量,减少对环境的污染,显得尤为急需和必要,在海洋石油工业领域有着广阔的市场空间。

2.4.3 在役平台防腐涂层修复技术

2.4.3.1 技术背景

海洋大气中的盐雾、环境温度和湿度、日光、海水的温度和流速、海水中的溶解氧及盐含量、海浪的冲击、海洋生物等都可以不同程度地引起钢结构的腐蚀。由于海上平台所处腐蚀环境恶劣,在役海上平台维修的难度大、风险高、费用昂贵,腐蚀防护技术已经成为平台结构安全和寿命延长的关键点。防腐层破损、脱落等腐蚀防护问题凸显,现有的涂层配套体系已经满足不了海洋平台涂装系统长效性的要求。探寻长期有效的腐蚀防护体系维修方法成为亟待解决的问题。

2.4.3.2 技术内容

为了提升在役海上平台防腐涂层修复的涂层体系技术要求,要求涂料供货商所提供的涂料及配套体系应通过挪威 NORSOK M501 系统资格认证。该标准按照海上平台的使用环境对各区域的涂层系统进行了规定。

按照挪威 NORSOK M501 标准的要求,初步筛选出适用于在役平台涂层修复的涂层配套体系及涂覆工艺,并通过大量的现场涂覆试验,验证涂覆工艺及涂层体系对埕岛海域环境和工况具有较好的适应性,满足低表面处理、高盐分、潮湿表面涂覆的要求,如

图 2.4.3-1 所示。

针对不同区域制定适合的表面处理工艺和验收标准,满足不同位置、不同的涂层配套体系的要求,降低在役平台涂层修复的难度和工作量,提高涂层涂覆效果,满足平台防护需求。在役海上平台防腐涂层修复体系的结构见表 2.4.3-1。

表 2.4.3-1   埕岛油田在役海上平台涂层修复体系

钢结构名称	防腐材料	道数	干膜厚度(μm)	干膜总厚度(μm)
甲板	低表面处理厚膜型环氧涂料	2	≥400	≥450
上、下表面	丙烯酸聚氨酯面漆	1	50~75	
导管架	超强厚膜耐磨环氧漆	1	≥600	≥600

2.4.3.3 技术特点

该项技术立足埕岛油田海上平台及国内类似海洋结构,重点解决了在役海上平台防腐涂层修复的难题。通过该项技术建立的在役海上平台高性能长效涂层维修体系,对延长平台涂层系统的使用寿命,减少海上平台涂层维修工作量,降低全生命周期的费用,提高经济效益有着显著的作用。

形成了油田企业标准《在役钢质固定海洋平台防腐涂层修复技术规范》,填补了国内在役海上平台涂层维修无标准可参考的空白。

埕岛油田在役海洋平台防腐涂层修复体系主要指标:

①维修涂层体系道数少,为 1~2 道。

②油漆种类 3 种。

③涂层附着力达到 7 MPa。

④表面处理等级降低,可以容忍 GB/T 8923.1 中规定的 Sa2-Sa1 的钢材表面粗糙度处理等级要求。

⑤表面潮湿作业容忍度高,可接受潮湿表面涂装作业。

2.4.3.4 技术应用情况及效果

该项技术已陆续在平台延寿改造等项目中使用。目测检查涂层,表面平整均匀,颜色鲜艳一致,无流挂、漏涂、针孔、气泡等现象。通过附着力检测,证明涂层的附着力良好,涂层性能优异,涂层修复施工及修复后照片见图 2.4.3-1 和图 2.4.3-2。

该项技术的应用,延长了平台系统的使用寿命,减少了海上平台涂层维修工作量,减少了对环境的污染,在海洋石油工业领域有着广阔的市场空间。

图 2.4.3-1　涂层修复现场施工照片

图 2.4.3-2　防腐涂层修复后整体效果展示

2.4.4　牺牲阳极防护技术

2.4.4.1　技术背景

海上平台的防腐层是防腐涂层作为一层物理屏障,隔绝了金属与腐蚀环境,但是当防腐层破损时,破损处金属将遭受腐蚀介质的侵蚀,腐蚀速率将会加快。所以,在物理屏障的基础上进行电化学腐蚀防护是合理有效的。目前,埕岛油田海上平台导管架均采用防腐涂层和牺牲阳极的阴极保护联合保护的腐蚀防护方案。

2.4.4.2　技术内容

金属的电化学腐蚀的产生,是由于金属与电解质溶液接触时所形成的腐蚀原电池的电极反应的结果。当金属与电解质接触时,表面上电极电位不相同的两个区域分别形成阴极区和阳极区:阳极部分将失去电子而发生溶解;阴极部分只起传递电子的作用并不腐蚀。牺牲阳极就是在金属构筑物上连接或焊接电位较负的金属,阳极材料不断消耗,释放出的电流供给被保护金属构筑物而阴极化，从而实现保护。

针对 Al-Zn-In 铝阳极在埕岛海域海泥中应用存在电流效率低、电化学性能差等缺点，开展了高性能铝合金阳极的研制，最终研制出 Al-Zn-In-Mg-Ca 阳极配方，形成平台用梯形阳极系和海底管道用镯状阳极系列，并在埕岛海上工程建设中得以推广应用。

根据管道和平台的设计寿命及管道的管径大小，陆续形成不同规格的梯形阳极和镯状阳极。同时，为规范海上钢制平台牺牲阳极阴极保护的检测，发布了企业标准《海上钢制平台牺牲阳极阴极保护检测推荐做法》。

2.4.4.3 技术特点

该项技术立足埕岛油田海上平台及其具体的海洋环境，重点实现了海上平台导管架阴极保护材料的确定。经过近 30 年的使用和不断改进，形成了埕岛海域阴极保护系统的专有技术。

2.4.4.4 技术应用情况及效果

该项技术广泛应用于埕岛油田 100 余座海上平台，如图 2.4.4-1 所示。该项技术对延缓海上平台导管架钢结构的腐蚀，保护海上平台的安全运营起到了积极的作用。

图 2.4.4-1　钢结构牺牲阳极布置示例

2.4.5　外加电流阴极保护技术

2.4.5.1 技术背景

埕岛油田固定式导管架平台的防腐蚀措施一般采用牺牲阳极的阴极保护法，牺牲阳极的安装形式为焊接。新建海上平台在陆地完成牺牲阳极的安装，在役平台阳极块的更换采用水下焊接。水下焊接安装牺牲阳极工程量大、施工难度大、费用高，质量控制困难。

2.4.5.2 技术内容

针对海洋环境的特点，外加电流阴极保护技术的关键点有辅助阳极的选型及固定、阳极连接电缆及密封、平台阴极保护监测系统的设置，并形成了典型设计方案，如图 2.4.5-1 所示。

相对于牺牲阳极的阴极保护方式，保护电位的监测是外加电流阴极保护系统正常运行、维护不可缺少的手段。为了及时了解和掌握导管架平台的阴极保护状况和效果，有针对性地调整和优化腐蚀控制措施对生产设施安全运行至关重要。

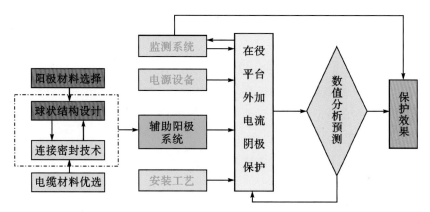

图 2.4.5-1　外加电流阴极保护系统技术路线

同时,利用电位边界元数值计算软件 BEASY 对实施阴极保护的平台的设计方案进行保护电位的分析与预测,从而在设计前期得出平台的保护电位,指导下一步的设计及施工,如图 2.4.5-2 所示。

2.4.5.3　技术特点

对在役平台阴极保护延寿而言,相对于牺牲阳极的保护方法,外加电流阴极保护施工便捷、便于维护、绿色环保,一次性投入长时间使用,保护性能优异,性价比更高。

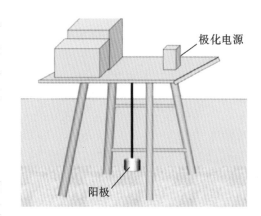

图 2.4.5-2　外加电流阴极保护示例

2.4.5.4　技术应用情况及效果

外加电流阴极保护技术的研究和典型设计方案的形成,为埕岛油田海洋平台防腐蚀提供了强有力的技术储备。

2.4.6　潮间带腐蚀修复技术

2.4.6.1　技术背景

相对于导管架的水下部分有牺牲阳极的保护,导管架在潮间带面临更加苛刻的腐蚀条件,且其腐蚀程度影响着整座平台的承载能力,因此埕岛油田海上平台潮间带的腐蚀修复技术有着十分重要的意义。

潮间带腐蚀主要的原因是钢表面受到海水的周期性润湿,处于干湿交替状态,氧供应充分,盐分不断浓缩,加之阳光照射、浪花冲刷、风吹和海水环境等协同作用导致发生物理与电化学为主的腐蚀破坏。一般情况下,浪溅区为 0.3~0.5 mm/a。同一种钢,在浪溅区的腐蚀速度可比海水全浸区中高 3~10 倍。

2.4.6.2　技术内容

平台飞溅区的腐蚀修复要求修复后的导管架具有优异的防腐性能和耐冲击性能,且施工简单、固化时间短。从飞溅区的腐蚀防护状况看,覆盖层防护的方法仍是主要的防腐措施。

复层矿脂包覆的防腐方法具有长效经济的防腐蚀效果,对暴露于海洋浪溅区部位的钢铁设施具有广泛的适用性。该防腐方法采用了优良的缓蚀剂和隔绝氧气的密封技术,由矿脂防蚀膏、矿脂防蚀带、密封缓冲层和防蚀保护罩四层紧密相连的保护层组成。具体的结构如图 2.4.6-1 所示。

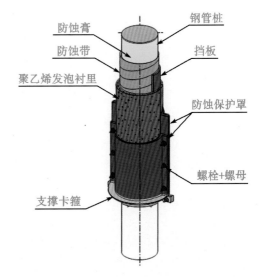

图 2.4.6-1　复层腐蚀防护与修复系统示意图

矿脂防蚀膏是复层矿脂包覆防腐方法中主要的防腐蚀材料,能很好地黏附在需要保护的钢结构表面,起到腐蚀防护的作用;矿脂防蚀带除了防蚀作用外,还能够增强密封性能,提高整体的强度及耐久性;密封缓冲层在矿脂防蚀带和防蚀保护罩之间,起到密封、缓冲外界冲击的作用;防蚀保护罩多选用玻璃纤维增强保护罩(FRP),起到机械增强、防护作用。

2.4.6.3　技术特点

复层矿脂包覆防腐技术具有更好的抗腐蚀性、更持久的抗疲劳强度和冲击强度,包覆范围一般在最低潮位以下 1 m 到浪溅区。该技术在国内外沿海地区有较为广泛的成功应用,使用寿命达 30 年以上。

2.4.6.4　技术应用情况及效果

该技术在埕岛油田多座海上平台得到推广应用,如图 2.4.6-2 所示,为平台导管架浪溅区和潮差区

图 2.4.6-2　潮间区腐蚀防护示例

提供了较好的腐蚀防护和机械增强作用。目前,潮间区得到了较好的保护,腐蚀得到了控制。

2.4.7　内防腐技术

2.4.7.1　技术背景

海底管道建设之初,缺乏相关的防腐标准,为了保障管道安全运营,内表面防腐采用了内防腐层。采用内防腐涂层是控制油气水管道内腐蚀的一项有效措施,内防腐层通过有效的屏蔽作用阻止了腐蚀介质与金属表面接触,防止腐蚀发生。管道内防腐涂层的选择应结合输送介质的腐蚀性来确定,内防腐涂层应具备的性能主要包括抗管输介质、污物、腐蚀性杂质、添加剂等的侵蚀,抗老化,同时不应损害管输介质的质量等。

2.4.7.2　技术内容

为了确保海底管道防腐的可靠性及安全,埕岛油田最终确定使用赛克-54(CK-54)涂料作为海底管道内防腐层的专用涂料,同时成立专门的生产线以满足涂料内涂覆的各项技术要求。

该技术内涂覆施工原理是以压缩空气为动力,以钢砂等为磨料对钢管内壁表面进行喷射处理,从而达到除锈目的,如图 2.4.7-1 所示;再使用高速旋转喷枪及喷头对钢管内壁表面进行防腐涂料喷涂。此方法对钢管内壁表面处理光滑,喷涂厚度均匀,无漏喷、流挂,一次成膜最后达到 250 μm,如图 2.4.7-2 所示;产品质量控制保障合格率高,适应涂料范围广。

图 2.4.7-1　磨砂除锈后的钢管

图 2.4.7-2　海底管道成品图

2.4.7.3　技术特点

①表面抗磨损和抗腐蚀性能强,陶瓷粉含量高,耐磨、耐腐蚀性能优异,耐冲击力强。

②使用寿命长,在恶劣环境下,寿命可达数年。

③具有高绝缘强度,黏接力强并具有良好的韧性。

④不需底层涂料,在常温下可直接涂覆,操作简便,可进行现场修补。

2.4.7.4　技术应用情况及效果

内防腐技术在埕岛油田海上采油平台前期建设及后期维修施工过程中得到了大面积应用。至今已连续使用 20 余年,增加了管道的使用寿命,减少了受腐蚀的时间,防腐效果优异,为海上采油平台管道防腐防护提供了较为完善的技术支持。

2.5　平台陆地预制

2.5.1　数控放样切割技术

2.5.1.1　技术背景

数控放样切割技术是采用 AutoCAD 依据设计图纸进行放样、划线,通过 FastCAM 软件操作排版,确定数控机床运行指令后,现场按照指令根据平台的结构特点,结合施工场地及机具,利用数控火焰切割的技术。该技术加大了陆地预制深度,减少人工单体作业工作量,加快陆地预制进度,减少海上工作量。

2.5.1.2　技术内容

(1)技术准备施工

根据现场生产计划,提前编制数切程序,准备数切小样及数切套图,检查数切小样及数切套图是否一致。若存在不一致,提前进行确认修改,检查无误后,将数切套图裁剪为单板数切小样,并对号料人员进行分发交底,同时将数切程序拷贝至数控切割机。

操作人员在下料切割前确认数切机安全可靠运行,切割前重点检查数切机精度效验记录,确保数切机具有可靠的精度保障。

现场切割主管人员提前根据生产计划将领用钢板进行标记,并对钢板尺寸进行复核,在确认钢板尺寸无误后将钢板运送至数切机进行下料切割。

现场根据分片重量、尺寸及现场实际情况,选用合适的吊装工具及设备配合施工。数控自动切割机下料,如图 2.5.1-1 所示。

(2)技术要求

根据施工图纸的结构尺寸,做出数切样板,适用于火焰数控切割机,确保切割精度。

在对数切构件进行放样时,构件边缘处增加切割补偿量,坡口切割件按设备规定补偿量进行修正。

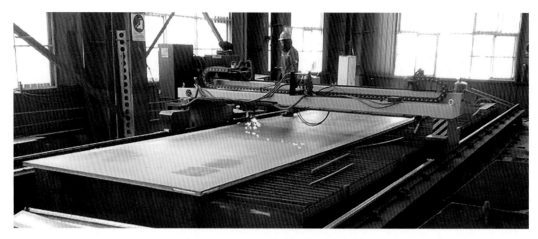

图 2.5.1-1   数控自动切割机下料图

在做数切拼图时,应标明距离切割起弧点最近的拼板口处具体尺寸,对板材进行准确定位。

（3）工艺要求

数切机定期进行精度校验,同时在切割运行过程中,随时进行切割、画线精度检查。

数切机轨道定期进行直度和平度的检测,防止轨道变形或下沉后对数切机的切割精度造成影响。

施工人员在每次施工前对切割板材进行喷粉画线,画出板尺最大矩形,并测量长、宽、对角线尺寸,通过对照精度要求调整数切机参数,直至满足精度要求为止。

数切施工中,时刻观察切割件状态,并根据数切小样,对每张板件上的标有尺寸的构件进行精度检验,发现问题及时调整。

（4）施工流程

钢板倒运、吊装上台。根据切割计划,将所需的钢板吊运至切割平台。

切割数据上传至数切机。根据施工计划,对现场钢制构件进行设计放样,将设计完成的切割参数通过程序编译,并将程序拷贝至数切机。

数切机下料气割。数切机操作人员开始对钢板进行下料切割施工,切割施工全程跟踪下料尺寸,防止现场尺寸出现错误。切割完成后将下料钢结构吊装至指定材料堆放点摆放整齐。

2.5.1.3   技术特点

（1）适应性强

数控机床能完成复杂面的定制加工,特别是形状复杂的零件,加工非常方便,生产准备周期短,有利于钢制构件的快速成型。

（2）加工质量稳定

对于同一批钢制构件，由于使用同一机床和同一加工程序，割刀的运行轨迹完全相同，且数切机是根据数控程序自动进行加工，可以避免人为误差，保证零件加工的一致性且质量稳定。

（3）生产效率高

数控机床采用较大切削用量，有效节省了机动工时，且无须工序间的检验与测量，比普通人工的下料切割生产效率高3～4倍，甚至更高。

（4）加工精度高

数控机床有较高的加工精度，不受结构复杂程度的影响，机床本身的颤动连及齿轮的间隙误差等都可以通过数控装置自动进行补偿，其定位精度比较高，同时还可以利用数控软件进行精度校正和补偿。

2.5.1.4　技术应用情况及效果

应用该数控切割技术施工的海上平台，大大提高了大型平台的预制速度和精度。采用数控切割技术工艺，有效控制大型钢结构的下料变形和施工精度，同时大幅度减轻工人劳动强度，提高了施工预制速度，有效地缩短工期，具有较好的市场推广前景。

图 2.5.1-2　数控自动切割机下料的结构件

2.5.2　自动焊接技术

2.5.2.1　技术背景

自动焊接技术是一种采用自动焊接设备，对组对合格的管件、板材等，按照设计焊接工艺进行自动焊接的技术。

自动焊接可分为半自动焊接和自动焊接。半自动焊接是指焊接机头的运动和焊丝的给送由机械完成，焊接过程中焊头相对于接缝中心位置和焊丝离焊缝表面的距离仍须由焊接操作工手工调整。自动焊接是指焊接自启动至结束全部由焊机自动完成。无须操作工任何调整，即焊接过程中焊头位置的修正和各焊接参数的调整是通过焊机的自适应控制系统实现的。

平台半自动焊接主要采用埋弧自动焊，在平台型钢预制过程中通过埋弧自动焊进行钢板拼接焊接。

自动焊接主要是管道全自动焊，通过高精度的坡口机对管道进行坡口切割，并使用带电弧跟踪的管道全自动焊接设备，通过扫描坡口宽度差异及时进行干预调整的施工工艺。

2.5.2.2　技术内容

（1）埋弧自动焊工艺

焊接方法：翼板及腹板的对接焊缝采用埋弧自动焊（SAW），翼板及腹板的角焊缝采用埋弧自动焊（SAW），自动焊设备为 MZ-1250 自动焊机；加强板与翼缘板、腹板的连接焊缝采用手工电弧焊（SMAW）。

填充材料：例如，母材为 D36 类材料，手工电弧焊采用 E7018-1，Φ3.2 mm，Φ4 mm 焊条，焊条应按要求经烘干后放入保温筒中使用，埋弧自动焊采用 H10 Mn2，EH14，Φ4 mm 焊丝，焊丝表面不得有油污等杂质，焊剂选用 SJ101，CHF101。上述焊丝、焊剂、焊条必须由中国船级社认可的厂家提供，并应有完整的产品质量证明书。

焊接设备：预制过程中一般采用 MZG-2×1000 门型埋弧焊机 MZ-1250 型埋弧自动焊机，如图 2.5.2-1 所示。

焊工：焊工必须持有中国船级社所颁发的焊工合格证，且持有安全生产监督管理局颁发的操作证。

焊前准备：气焊工必须持有执业资格证书。火焰切割坡口时，应按要求认真调整火焰，避免产生凹陷和锯齿；切割面应用磨光机打光磨平。应避免强制装配，以减少构件的内应力。所有的钢板边沿在组装前打磨光滑；加强板的边沿和坡口在组装前打磨光滑。焊前将坡口面及其两侧 20 mm 范围内的铁锈、氧化皮、油污的杂物等清除干净，并保持清洁和干燥。预热温度的变化范围为 0℃～50℃，最高层间温度不能超过 250℃，预热温度应测量加热的另一面，规定的预热温度指焊缝两侧至少 75 mm 以外的温度，若焊接过程出现中断，在重新开始焊接作业前应重新预热。

焊接过程：为了减少变形，应采用分层焊接。埋弧自动焊时，接头两端应各设置 2 块引、收弧板，其材料与焊件母材相同，引、收弧板焊缝长度应大于 50 mm，引、收弧板尺寸约为 100 mm×70 mm，焊完后用火焰切割掉，并修磨平整，不得用锤击落。定位焊所用焊材及焊接规范与正式焊接相同，并由持证焊工焊接，焊缝长度大于 50 mm，厚度不超过设计厚度的 2/3，且不大于 8 mm。埋弧自动焊焊工在操作时，应特别注意机头跟踪坡口，防止跑偏。回收的焊剂必须过筛，滤除渣壳和灰尘后方可重新使用。焊接时，焊工应遵守焊接程序，不得自由施焊及在焊道外的母材上引弧。

背面清根:碳弧气刨清根时,采用 Φ7 mm 的碳棒,工作电流为 350~450 A。操作时应使刨削深度及宽度均匀、操作稳定,并防止夹碳。刨后的焊口,应用磨光机清理,且渗碳必须完全磨掉。

焊缝外观:焊后必须清除焊缝表面的渣壳和焊缝两边的飞溅物。焊缝的外观应符合《海上固定平台入级与建造规范》的要求。对于超标的表面缺陷应进行修磨。

焊缝检验:所有对接焊缝均应为全熔透焊缝,只有当焊缝另一侧无法施焊时,才可以使用单侧全熔透焊缝。

缺陷的修补:修补超标焊接缺陷时,应按焊接修补程序进行。焊前预热施焊的焊缝,修补时必须预热,预热温度和原来一样。焊补后的焊缝相邻部位圆滑过渡,并且应重新进行外观检查和无损探伤检验。修补缺陷的位置、大小、修补方法及焊后的质量检查等记录,应整理后存档备查。

(2)防变形措施及焊接顺序

①焊接 H 型钢的防变形工艺措施

在满足焊接工艺要求的前提下,焊接电流要小以减少焊接变形。

焊接时尽量采用防变形焊接方法,焊接速度尽量保持一致。

有明显收缩的接头,通常应在有较小收缩的接头焊接之前焊接,焊接时对它们的约束应尽可能的小。

构件施焊的方向应从相对固定的点开始,朝向有较大自由活动余地的点。

焊接加筋板时,须将工字钢垫平,否则焊接后会发生翘曲。

②焊接顺序

采用刚性固定法装配好的 H 型钢,固定在平台上,按图 2.5.2-1 所示顺序进行焊接,焊接完成的 H 型钢如图 2.5.2-3。

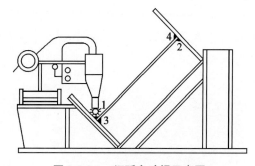

图 2.5.2-1　埋弧自动焊示意图

2.5.2.3　技术特点

焊接自动化装备技术含量高,通常集焊接工艺、自动化控制、精密机械设计制造等多种技术于一体,随着工业自动化、智能化、数字化等技术的日益发展和广泛应用,焊接自动化正在由单机焊接自动化装备向焊接自动化生产线和数字化焊接车间发展。

同时,自动化焊接技术通过结构集成、功能集成和控制技术的集成,实现产品的规模化生产,降低成本、缩短交货周期,通过人与技术的集成和焊接技术与信息技术的集成,大大降低信息量和实施控制的要求。注意发挥人在控制和临机处理的相应判断能力,建立人机友好界面,使人和自动系统和谐统一。

2.5.2.4　技术应用情况及效果

在埕岛油田海上平台的焊接施工中,通过半自动焊接和自动焊接,有效地提高焊接效率和质量、降低能源和材料消耗、节约成本、减轻工人的劳动强度、改善作业环境,提高了施工企业的核心竞争力。

(1)提高焊接效率

焊接加工工艺施工时,钢结构制造焊接工时占施工总工时的70%～75%,焊接承办占施工总成本的40%～50%,从事焊接工作的人员数量占全体施工人员的20%～30%。通过提高焊接施工的自动化水平,其自动化焊接施工效率为手工焊接效率的3倍,在大幅提高生产效率同时也降低了施焊人员的劳动强度。

(2)提升产品质量

在采用手工焊接工艺的施工过程中,人工控制焊接过程(起弧、收弧、焊接轨迹及参数设置等)存在不确定性,会导致焊缝成形不好,容易在焊接部位产生气孔、裂纹、未熔合等缺陷。在采用自动化焊接施工中,电弧燃烧稳定,连接处成分均匀,焊缝成形好、焊缝接头少,填充金属熔覆率高,可以有效保证焊接参数的准确性。

(3)降低运行成本

随着劳动力成本的不断提升,焊接自动化装备的性能、效率的不断提高以及价格的逐渐降低,自动化焊接和手工焊接比较长期来看具有成本优势,同时焊接自动化装备具有高效率、高稳定性优势,使得施工企业可以较快地收回焊接系统的投入成本并提高焊接质量。

图 2.5.2-2　埋弧自动焊设备　　　　　图 2.5.2-3　埋弧自动焊构件图

2.5.3　分片预制技术

2.5.3.1　技术背景

海洋平台陆地预制施工过程中,为加快工程整体施工进度及控制施工质量,通常对预制平台的导管架及上部组块进行结构分解,将结构整体划分为多个分片模块,分片预制完成后,进行整体组装。

分片预制施工技术是根据平台的整体施工特点,结合施工场地及机具,陆地预制导管架及上部组块结构建造按"分层预制、从下往上、由里及外、整体吊装"的原则,尽量加大地面预制深度,减少高空作业工作量,各层分片整体在场地内预制,并完成涂装后,转移至滑道总装区进行总装,同时各层分片上的相关设备待分片吊装完成后进行就位安装。导管架分片涉及牺牲阳极、立管导向管卡及灌浆管道均需立片前完成安装,平台上部组块部分则是消防给排水、油气、注水、电气、舾装、通风、防腐保温等系统全部在分片合拢完成后陆地组装施工,并进行单体调试和预试运,减少海上工作量。

2.5.3.2 技术内容

(1)分片预制施工

平台分片预制主要分为平台导管架分片预制和平台上部组块分片预制。

①导管架分片预制施工。

导管架主结构预制分 A、B、C 三个立面进行预制。预制完成后,将导管架 A、B、C 三立面分别吊装就位,进行导管架整体组对。导管架分片预制施工如图 2.5.3-1 所示。

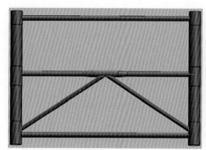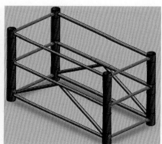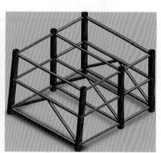

A.导管架预制分片图　　　B.导管架预制分片合拢图　　C.导管架预制分片合拢完成图

图 2.5.3-1　导管架分片预制施工图

现场根据分片重量、尺寸及现场实际情况,选用合适的吊装工具及设备配合施工。

②导管架预制分片步骤。

根据对导管架结构型式分析,在陆地上先预制 C,B,A 立面主结构单片,预制及场地布置如图 2.5.3-2 所示。

单片预制前,首先检查主导管的椭圆度、直线度、长度、直径、主导管上、下口的平面度、坡口角度偏差是否符合规范规定。检查合格后,根据所量实际尺寸放样,确定导管架四个临时支撑点。单片预制在滑道上确定四个支撑点,分别找平,误差应小于 5 mm。单片预制时,应以主导管为基准,分别在主导管上用粉线打出成 90°夹角的两条中心线,使其中一条中心线位于正上方,另一条中线位于导管架的内侧,如图 2.5.3-3 所示(注意:在确定内侧中心线时应考虑水平横撑安装位置,避开主导管卷管焊缝)。

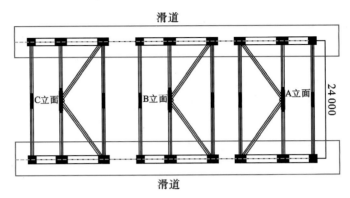

图 2.5.3-2　导管架预制场地布置图

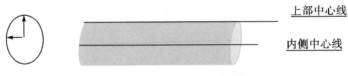

图 2.5.3-3　主导管中心线

两中心线的找正可使用在中心线两端设置参照标尺,通过经纬仪测量水平角和竖直角以及用水准仪测量中心线的多点高差来实现。

找正中心线后,以主导管上端内侧中心线为基准点,依次量取三层水平撑的定位位置,然后依次组对 +5.0 m,−3.0 m,−12.7 m 标高处三根水平撑,并用水准仪找正,如图 2.5.3-4 所示。

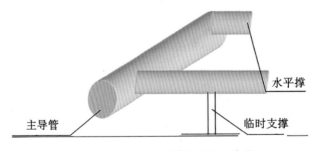

图 2.5.3-4　三层水平撑的定位示意图

水平撑定位后,临时点焊,然后将另一根主导管采用上述方法找出三根水平撑的定位点,靠在水平撑另一侧。若全部吻合,组对间隙满足规范规定,则可点焊。但不得强行组对,以免造成较大的内应力。

组对时应避免强制装配,减少构件的内应力,严格控制组对质量。组对过程中需要进行手工气割修口时,切口应光滑、平整。

③上部组块分片预制施工。

底层甲板、顶层甲板、开排甲板及外输甲板均按分片示意图中的划分进行整体成片预制（图 2.5.3-5）。地面预制完成后，分片整体吊装就位，整体吊装合拢施工图如图 2.5.3-6 所示。

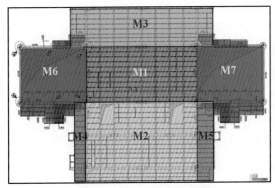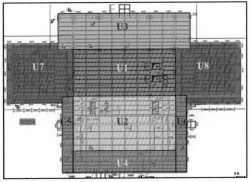

图 2.5.3-5　平台分片示意图

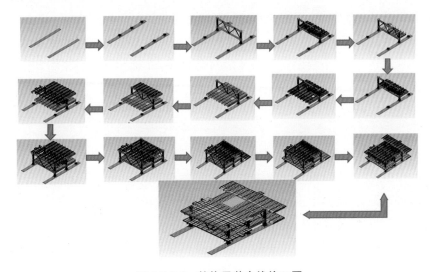

图 2.5.3-6　整体吊装合拢施工图

现场根据分片重量、尺寸及现场实际情况，选用合适的吊装工具及设备配合施工。

④上部组块分片预制步骤。

摆放垫墩或临时支撑：按加工设计图纸及《划线方案》进行划线，根据垫墩布置图摆放垫墩。

主梁就位：按加工设计图纸位置将所有主梁就位，点焊固定，并在主梁上标记其他次梁位置。

其他型材就位：按加工设计图纸及主梁上的划线位置将其他型材就位，与主结构梁进行点焊固定。

梁格焊接：梁格组对经检验合格后，进行梁格焊接。先焊接主梁，再焊次梁，焊工均匀对称分布，自中心向周围施焊。

安装节点筋板和典型筋板，组对经检验合格后进行施焊。

甲板划线、下料切割：按甲板铺板图及《划线方案》进行划线下料，划线时应留出足够的焊接收缩量。

甲板铺板：梁格焊接完成，并经检验合格后，按甲板铺板图在梁格上铺板。

甲板开孔：舱口、护管、设备底座、地漏、吊点位置及该层甲板片上的立柱、斜撑与梁格相交处等位置需要在甲板上开孔。

甲板板焊接：甲板板的焊接原则上自中间向四周焊接，先焊小梁与甲板的角焊缝，再焊大梁与甲板的角焊缝。

安装相关附件，如护管、地漏、马脚、支吊架、临时吊点等，在甲板涂装前将这些附件安装在甲板片上。注意：这些附件的安装不得影响该甲板片的总装。

（2）整体合拢施工

分片预制完成并经无损检测，由业主、第三方检验单位、监理单位等检验完成后开始进行吊装合拢施工。组装时，根据分片的预制顺序进行。

单片吊装前对局部节点位置进行固定，吊装时使用经核算并满足吊装要求的施工机具进行吊装立片作业，在吊装至制定基座后对其封装，并将导管架或平台与基座连接部位进行焊接加固。

2.5.3.3 技术特点

①以最大限度减少现场安装工作量，加大结构预制深度。

②提前预留焊口的施焊位置，便于现场焊接、探伤。

③提前考虑设备、结构节点的偏差对预制质量的影响。

④通过分片组装、整体运输的形式防止结构变形。

⑤提前对穿墙、穿甲板管道及平台下挂管进行模块化预制，同时依据图纸进行分管段预装，合拢组焊。

2.5.3.4 技术应用情况及效果

应用分片预制施工技术施工的海上平台，大大提高了大型平台的预制速度和精度，对直径 500 mm 以上的钢管及高度超过 400 mm 的型钢采用在钢结构厂内预制，钢结构现场分片预制、组装合拢。大型平台分片预制化设备 31 个，陆地预制过程中将平台分为多个预制分片进行预制和防腐，最后进行整体组装合拢。典型生活楼模型图及预制总装图见图 2.5.3-7 和图 2.5.3-8。

采用平台结构分片预制，有效控制了大型钢结构的焊接变形和施工精度，同时大幅度减轻了工人劳动强度，提高了施工预制速度，有效地缩短了工期，具有较好的市场推广前景。

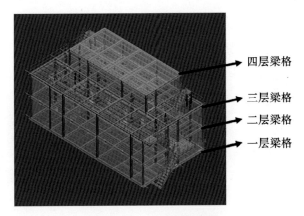

图 2.5.3-7 生活楼模型图

四层梁格
三层梁格
二层梁格
一层梁格

图 2.5.3-8 生活楼预制总装图

2.5.4 模块化预制技术

2.5.4.1 技术背景

模块化预制技术是一种按照功能、结构、系统等划分为多个相对独立的部件或构件，预制成一个撬体或单体，再进行整体安装的施工技术。

2.5.4.2 技术内容

（1）平台结构模块化预制

①现场模块化施工结构布置。

现场模块化施工布置如图 2.5.4-1 所示。

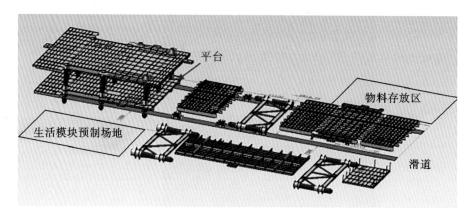

图 2.5.4-1　现场模块化施工布置图

现场根据分片重量、尺寸及现场实际情况，选用合适的吊装工具及设备配合施工。

②结构模块化施工。

按 A、B、C 轴线分立片预制，梁格分层分片预制，以 B 立片为基础，从下往上、由里及外地进行立体组对。

平台底层梁格分为 4 片、顶层梁格分为 6 片进行预制，平台轴线立片分 5 个立片；层间设备房及顶层设备房待一层梁格安装就位后同时安装将主框架结构立体组装成型；生活楼分 3 片预制，待滑道铺设完成、滑靴就位后进行立体组对安装。

底层平台相应设备待梁格吊装完成后进行就位安装，顶层平台生活楼和吊机均在生活平台海上吊装完成后单独进行海上吊装就位。工艺管线、电气设施等全部在陆地施工完成，并进行吹扫、试压和预试运。救生艇待平台就位后再进行安装。该施工方案有如下优点：

（A）可以同时施工多层结构，缩短陆地预制工期。

（B）减少高空作业量。

（C）地面预制，易于控制平台的变形，保证施工质量。

③结构模块化施工流程。

采用结构模块化施工方法，分步施工，施工流程和结构模块化施工效果图如图 2.5.4-2 和图 2.5.4-3 所示。

平台采用分片预制、立体组装的方法进行施工，开排甲板 1 片，平台底层梁格分为 4 片、顶层梁格分为 6 片进行预制，平台轴线立片分 5 个立片；预制片分片划分如图 2.5.4-4～2.5.4-6 所示。立片如图 2.5.4-7～2.5.4-9 所示。

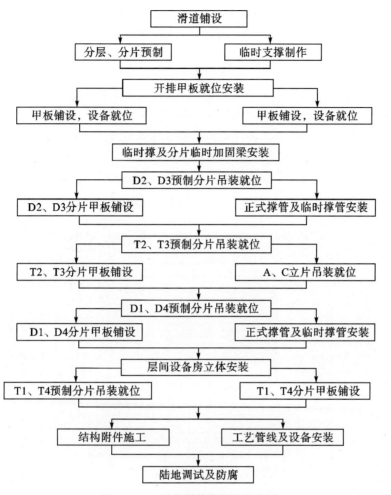

图 2.5.4-2 结构模块化施工流程图

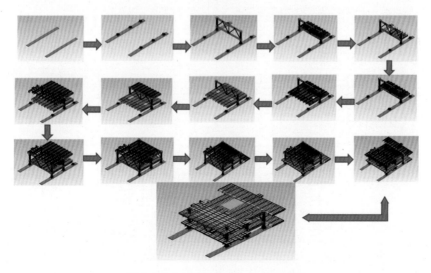

图 2.5.4-3 结构模块化施工效果图

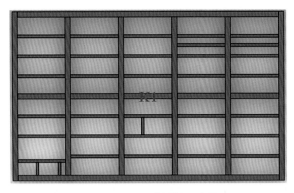

图 2.5.4-4　开排甲板示意图

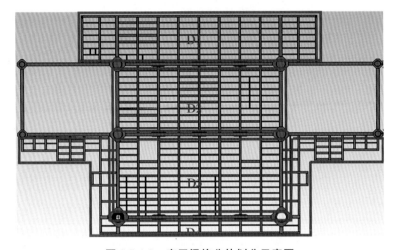

图 2.5.4-5　底层梁格分片划分示意图

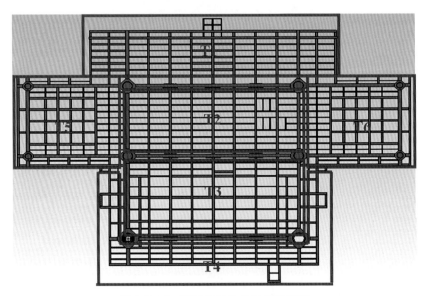

图 2.5.4-6　顶层梁格分片划分示意图

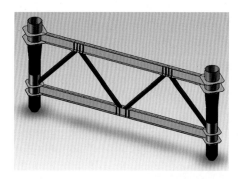

图 2.5.4-7　A 立片三维效果图

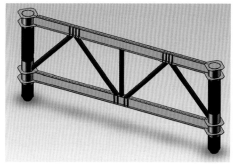

图 2.5.4-8　B、C 立片三维效果图

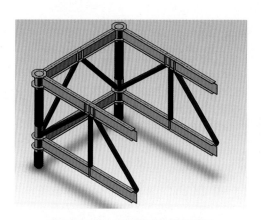

图 2.5.4-9　A、B 侧翼单片效果图

陆地预制时,分片按照上述分片的方法,开排甲板整体单独预制;底层分 4 片建造,并对其增加临时加固梁,吊装时单独吊装就位;顶层分 6 片建造,也对其增加临时加固梁,吊装时单独吊装就位;5 片轴线立片单独建造。

(2)工艺流程模块化预制

平台设有消防系统、给排水系统、注水系统、海油系统、开闭排系统 5 个工艺系统。

①消防系统流程。

消防系统流程如图 2.5.4-10 所示。

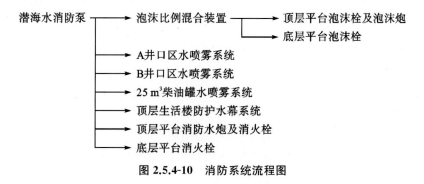

图 2.5.4-10　消防系统流程图

消防系统各区块如图 2.5.4-11 所示。

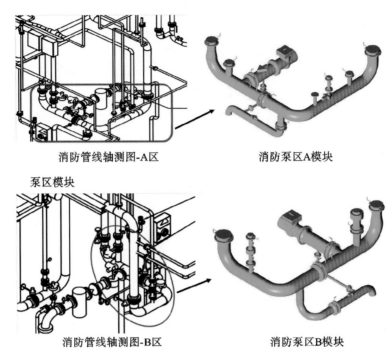

消防管线轴测图-A区　　　　　　消防泵区A模块

泵区模块

消防管线轴测图-B区　　　　　　消防泵区B模块

图 2.5.4-11　消防系统各区块示意图

②给排水系统流程。

给排水系统流程如图 2.5.4-12 所示。

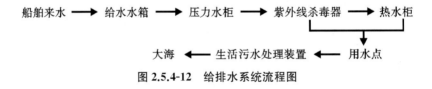

船舶来水 ⟶ 给水水箱 ⟶ 压力水柜 ⟶ 紫外线杀毒器 ⟶ 热水柜

大海 ⟵ 生活污水处理装置 ⟵ 用水点

图 2.5.4-12　给排水系统流程图

③注水系统流程。

注水系统流程如图 2.5.4-13 所示。

中心平台底注水管线来水 ⟶ 平台来水 ⟶ 计量配水阀组 ⟶ 注水井口

图 2.5.4-13　注水系统流程图

④海油系统流程。

海油系统流程如图 2.5.4-14 所示。

单井来油 ⟶ 计量电加热器 ⟶ 计量装置 ⟶

⟶ 生产汇管来油 ⟶ 混输管线经海底管线输至中心平台

图 2.5.4-14　海油系统流程图

井口工艺管汇模块如图 2.5.4-15 所示。

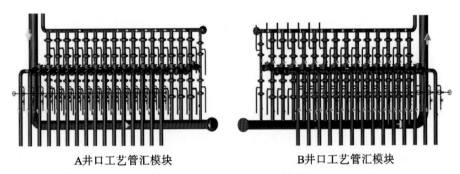

A井口工艺管汇模块　　B井口工艺管汇模块

图 2.5.4-15　井口工艺管汇模块

⑤开闭排系统流程。

开闭排系统流程如图 2.5.4-16 所示。

平台污水 → 开式排放罐 → 开排泵 → 混输管线外输

电加热器和分离计量装置污油 → 闭式排放罐 → 闭排泵 → 混输管线外输

图 2.5.4-16　开闭排系统流程图

(3)平台附件模块预制

平台附件各模块预制效果如图 2.5.4-17 所示。

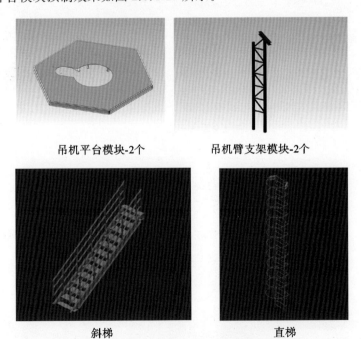

吊机平台模块-2个
吊机臂支架模块-2个
斜梯
直梯

图 2.5.4-17　平台附件各模块预制效果示意图

2.5.4.3　技术特点

可大幅提高上部组块平台的施工效率,很好地满足短工期的施工要求。由于多个模块进行分组、分片成批次预制,再进行立体组装,减少了高空工作量,加快了施工进度,缩短了施工周期。

可将上部组块工程中的结构安装、管线安装、电气施工、暖通施工、设备安装等项目进行紧密有效的结合,进一步优化施工结构。

可加强对工程成本的控制,尽可能地降低工程投资,减少大型吊装机械使用,从而提升上部组块平台建设的经济效益。

可显著提高工程建设的管理效率,有利于进行质量控制,减少整体误差,为上部组块的整体建造质量提供可靠保障。

2.5.4.4　技术应用情况及效果

应用模块化技术,大量引入平行作业,多地点同时进行,将平台钢结构预制、管路安装、设备安装、电气施工、暖通施工及后期调试等工序深度交叉,缩短建造周期,提高工程的施工效率及工程质量,降低建造成本和作业风险,从而为海上平台的顺利运行创造有利条件。模块化施工现场照片如图 2.5.4-18～2.5.4-21 所示。

图 2.5.4-18　施工现场图

图 2.5.4-19　模块化现场预制实物图(上部组块)

图 2.5.4-20　上部组块模块化滑移装船　　　图 2.5.4-21　上部组块模块化
海上整体吊装

2.5.5　称重与重心测控技术

2.5.5.1　技术背景

称重与重心测控技术,采用数控起重机顶升构件,通过计算软件计算分析,得出构件重量及重心位置。

随着油田生产开发的需要,海上平台包括组块、导管架等的功能和复杂程度越来越高,重量也越来越大,甚至达到数千吨,海上采油平台的建造趋于集成化,成为集采油、处理、外输、生活于一体的综合性平台。这些平台往往存在柔度大、重量分布不均匀以及支撑点跨距较大等特点,对海上运输及吊装施工条件提出了严格的要求,需要对平台重量、重心进行严格科学的控制。

为保证工程安全实施,确保平台的重量小于浮吊的极限载荷,最大限度地发挥浮吊能力,在平台预制完毕后对其进行称重,确定海上平台的准确重量和重心,从而实现海上的安全运输及吊装施工。

2.5.5.2　技术内容

现行的大型海上平台称重技术分为两大类,一类是利用大吨位的弹性元件,通过测量弹性元件应力应变的方法进行称重。该测量法测量精度较高,但是由于应变传感器易受温度、湿度和电磁干扰等因素影响,传感器长期测量的稳定性和精度都受到较大影响,特别是由于大型海上平台的支撑点较难选择,不易采用细长类敏感元件,影响其总体测量精度。

另一类方法是通过液压构件，将大型海上平台同步顶升，海上平台全部离开地面稳定后，通过压力传感器测量管路油压，从而实现高精度的重量测量。该方法测量时间短、精度高，但需要同步顶升系统。

目前，埕岛油田海上大型平台称重主要应用的是液压顶升称重系统，工艺较成熟。

（1）液压顶升称重系统概述

该称重系统由液压顶升系统和测量系统两部分组成，框图如图 2.5.5-1 所示：

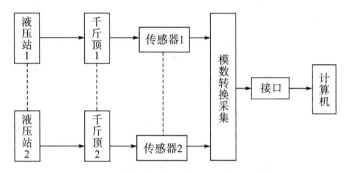

图 2.5.5-1   大型重物重量重心测控系统框图

液压顶升系统包括千斤顶和液压动力站；测量系统包括计算机、RS485 接口、数据采集模块和压力传感器。测量系统对千斤顶受力参数进行采集和数据处理，以计算出被称模块的重量和平面重心。压力传感器的压力值来自千斤顶液压缸内的实际压力，能够反映支撑柱的实际承载受力。

（2）称重顶升方案

平台使用 8 台 500TQF 型油压分离式千斤顶，A 轴、B 轴及 C 轴桩腿内侧水平放置一台千斤顶，平台千斤顶布置如图 2.5.5-2 所示。

模块称重的上支点在桩管内侧下面，下支点在滑靴上表面临时支座。

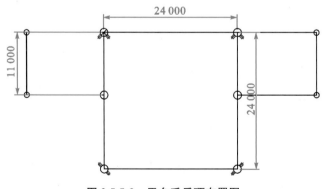

图 2.5.5-2   平台千斤顶布置图

平台称重点临时支撑选用 δ＝38 材质为 DH36 的钢板作为支撑板，平台千斤顶临时支撑点安装如图 2.5.5-3 所示。

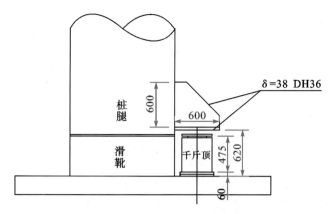

图 2.5.5-3　平台千斤顶临时支撑点安装图

临时支撑板焊道强度校核如表 2.5.5-1 所列。

表 2.5.5-1　对接焊缝接头静载强度计算公式

名称	简图	计算公式	备注
对接接头		受拉: $\sigma=\dfrac{F}{l\delta}\leqslant[\sigma'_1]$	
		受压: $\sigma=\dfrac{F}{l\delta}\leqslant[\sigma'_a]$	
		受剪: $\tau=\dfrac{F_t}{l\delta}\leqslant[\tau']$	
		平面内弯矩 M_1: $\sigma=\dfrac{6M_1}{l^2\delta}\leqslant[\sigma'_1]$	$[\sigma'_1]$ 为焊缝的许用拉应力
		平面外弯矩 M_2: $\sigma=\dfrac{6M_2}{l\delta^2}\leqslant[\sigma'_1]$	$[\sigma'_a]$ 为焊缝的许用压应力
开坡口熔进T形接头或十字接头		受拉: $\sigma=\dfrac{F}{l\delta}\leqslant[\sigma'_1]$	$[\tau']$ 为焊缝的许用切应力
		受压: $\sigma=\dfrac{F}{l\delta}\leqslant[\sigma'_a]$	$\delta\leqslant\delta_1$
		受剪: $\tau=\dfrac{F_t}{l\delta}\leqslant[\tau']$	
		平面内弯矩 M_1: $\sigma=\dfrac{6M_1}{l^2\delta}\leqslant[\sigma'_1]$	
		平面外弯矩 M_2: $\sigma=\dfrac{6M_2}{l\delta^2}\leqslant[\sigma'_1]$	

通过计算确保支撑板焊道强度满足规范要求。

支撑板焊接完成后进行无损检测,检测合格后进行平台称重施工。

(3)称重顶升程序

在规定时间内做好称重前的准备工作,在业主代表、监理代表、船检方代表到位后再进行称重工作。

安装千斤顶、液压源等液压顶升系统，并测量千斤顶与桩腿的相对位置。

安装压力变送器等测量系统。

调试液压顶升系统和测量系统。

启动液压顶升系统和测量系统，待每个液压缸压力达到1 MP时停止液压顶系统。

待系统平稳后启动液压缸使模块脱离地面，停止液压顶升系统。

检查确认每个支撑都与地面没有连接，如有连接，启动此支撑的液压系统，使模块与支撑地面距离2 cm。

确定模块位置水平，待系统平稳后，分别调节每个液压系统使模块处于水平状态。

在液压顶升模块的过程中，注意各千斤顶的压力变化，以保证系统平稳、水平。

模块平稳顶升到一定高度（顶升高度应根据实际情况以平台完全脱离地面确定最低高度），开始记录数据。

待三方代表确认称重成功，记录数据有效；每个模块有效顶升测量三次。

称重完毕，卸载整个系统。

计算模块重量及确定重心并上报。

（4）称重设备

①液压顶升系统。

QF500T型分离式油压千斤顶8台，如图2.5.5-4所示；液压源4台；液压胶管。

QF分离式油压千斤顶参数如表2.5.5-2所列。

图2.5.5-4　QF500T型分离式油压千斤顶

表2.5.5-2　QF分离式油压千斤顶参数

项目 型号	起重 量(t)	起重 高度 (mm)	最低 高度 (mm)	接口 间距 (mm)	接头与 底面距 离(mm)	油缸 外径 (mm)	活塞杆 直径 (mm)	油缸 内径 (mm)	安装螺孔		工作 压力 (MPa)	重量 (kg)
									圆周 (mm)	直径 (mm)		
QF500T-20	500	200	475	254	93	395	250	320	280	24	60.9	393

②测量系统。

压力传感器8只；数据采集、A/D转换器1个；接口转换1个；便携计算机1台，电源线、信号电缆。

（5）称重时间

现场条件满足情况下，一天完成设备的安装和调试，第二天完成称重工作和报表并上交。

（6）质量控制

①支撑面按要求进行加强处理，经甲方确认满足称重要求，保证足够承载强度。

②模块上的非称重部分减载，不能减载的部分记录下来，保证称重的准确。

③现场能保证称重系统的精确安装。

④气象条件不影响称重工作和称重精度，风力小于5级，无雨气象。

2.5.5.3 技术特点

目前，国外普遍使用的也是液压顶升称重系统，其利用液压千斤顶进行海上平台建造过程中的称重已有多年，工艺较成熟。目前，新加坡、韩国、美国等制造厂都广泛应用液压千斤顶加传感器的测量方法。在称重系统的安装过程中，一方面采用有足够承载能力的千斤顶座承载器；另一方面采用有高精度的传感器来测量压力。但引进的一套同样称重能力的称重系统，采购使用维护费用较高，且引进周期较长。

2.5.5.4 技术应用情况及效果

该技术可有效地测量大型平台的重量，精确编制施工方案，有效地控制海上安装施工精度，提高海上安装效率和安全可靠性，具有较好的市场推广前景。如图2.5.5-5所示为某工程现场称重图。

图2.5.5-5 某工程现场称重图

2.5.6 三维高精度成像技术

2.5.6.1 技术背景

随着埕岛油田老旧平台到期延寿工作的展开，由于老旧平台管网大多经过多次维修、改造，设计图纸与现场实际不符情况普遍存在，导致施工前需现场落实，落实工作量大。建模人员要得到平台的现场实际工程信息将存在以下困难：

因年代原因，设计图纸为二维形态，且资料品相劣化，甚至残缺丢失，一旦在三维空间内建模将会出现管线碰撞等情况，导致图纸与现场实际工程设施不符。以上情况均可通过高精度三维激光扫描建模得以解决。其原理就是利用对实际构筑物扫描来得到现场实际情况图纸，称为逆向工程。

2.5.6.2 技术内容

三维激光扫描技术是利用一种立体测量技术，又被称为实景复制技术，通过高速激光扫描测量的方法，对物体空间外形、结构及相对位置进行扫描，大面积、高分辨率的快速获取物体表面各个点的(x, y, z)坐标、反射率、(R, G, B)颜色等信息，以获取物体的精确尺寸，实现物体结构的数字化。由这些大量、密集的点信息可快速复建出1：1的真彩色三维点云模型，其后，可以将数据进行三维结构建模，并输入到相应工程设计软件中形成可编辑文件。图 2.5.6-1 所示为三维激光扫描仪图。

图 2.5.6-1   三维激光扫描仪

三维激光测量技术进行数据采集的过程大致可以分为制订扫描计划、外业数据采集和后期数据处理几部分，如图 2.5.6-2 所示。

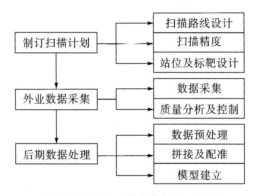

图 2.5.6-2   三维激光数据采集流程

根据施工项目需求，对平台施工部位进行三维激光扫测。到达平台后先观察平台构造，合理布置扫测点位。将三维激光扫描仪的安装、调试与校准在合适的点位，通过多点位覆盖扫描，保证获取数据的完整性，如图 2.5.6-3 所示。

数据处理迅速。将现场扫测的数据资料进行拼接与配准，处理后获得的 X, Y, Z 三维点云数据，在计算机 Thimble RealWorks 软件支持下进行编绘，得到高精度、高分辨率的数字模型。

图 2.5.6-3   仪器安装位置图

还原平台的原貌,如平面布置、流程走向等,通过大量、密集的点信息可快速复建出1:1的真彩色三维点云模型。其后,对数据进行三维结构建模,并输入到相应工程设计软件中形成可编辑文件。

数据可视化处理。将平台扫测的点云数据进行处理得到点云模型,可以对平台房屋尺寸、流程管径、上下流程、水平垂直距离等具体数值进行测量,以配合对应施工项目提前进行陆地预制,提高陆地预制量,减轻海上工作量。如图 2.5.6-4 所示。

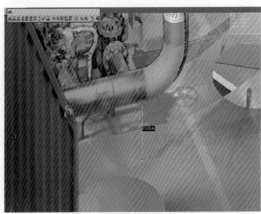

图 2.5.6-4　三维扫测数据可视化处理

2.5.6.3　技术特点

三维激光扫描技术能够提供扫描物体表面的三维点云数据,因此可以用于获取高精度、高分辨率的数字模型。通过高速激光扫描测量的方法,大面积、高分辨率地快速获取被测对象表面的三维坐标数据,大量的空间点位信息,以达到原貌还原、数据可视化分析等目的。

该技术是以逆向建模的方式实现原有设施的三维重构数据、三维存档或对设施及构筑物进行三维可视化管理,它的应用为工程可视化管理、实现"数字海洋平台"提供支持与保障,为后续的内业处理、数据分析等工作提供准确依据,具有快速性、效益高、不接触性、穿透性、动态、主动性、高密度、高精度、数字化、自动化、实时性强等特点,解决了目前空间信息技术发展实时性与准确性的瓶颈。

2.5.6.4　技术应用情况及效果

与传统人工测量相比,高精度三维激光扫描仪测量系统具有测量精度高、测量范围广、可进程操控、测量直观(后期处理后可生成三维模型直接测量、修改)、工作效率高、操作简便、降低劳动强度等诸多优点。

该技术成功应用于埕岛油田多个平台改造项目,实现了海上平台的三维可视化和信息化管理,极大地降低了测量成本,减少了生产风险,节约了工作时间,具有广阔的发展空间。如图 2.5.6-5 所示。

图 2.5.6-5   三维扫测平台图

2.5.7   超声导波检测技术

2.5.7.1   技术背景

由于工况恶劣,平台油气输送管道容易产生腐蚀类缺陷,特别是输油管道,内部介质为原油,但含有海水、二氧化碳、硫化氢、泥沙等杂质,容易造成无硫(二氧化碳)腐蚀、酸(硫化氢)腐蚀及冲蚀等。一旦产生腐蚀穿孔类缺陷,就会造成灾难性的后果。目前,在用管道通常采用超声测厚等方法检测管道腐蚀状况,但此方法检测效率低下,且需拆除保温层对管道不可达部位(如底层甲板下方的带套管的输油管道)进行检测,容易产生漏检、误判,检测可靠性低。

超声导波技术是基于电磁材料的磁致伸缩效应(焦耳效应)产生导波,铁磁材料的逆向磁致伸缩效应(维拉尔效应)接收回波,可实现对较长管道的远距离快速检测,并判定管道整体状况的技术。该检测方法对管道进行腐蚀检测仅需局部拆除保温层(布探头处)。

常规检测技术测量管壁厚度,只能检测到传感器下管壁的厚度,即点检测。而超声导波可沿管壁传播。安装在管道上的传感器发射的波可沿管壁传播上百米,回波信号可显示管道的缺陷和其他特征。发射波可在涂层下或其他覆盖物下传播。系统可完成在役管线的检测,即使管线充满液态物质或正以很高的温度运行也可进行检测。

2.5.7.2   技术内容

超声导波技术是近年来发展起来的一种能够对管道的金属腐蚀情况进行快速、长距离、大范围、相对低成本检测的无损检测方法。其反射检测方法的基本原理:沿管道环向360°安置阵列式超声波发-收组件,激发某一频率的超声导波使其沿管道向两端传播,导波的截止频率与管径、壁厚、材质以及管内、外介质的传播特性相关。在传播过程中,如果遇到焊缝、蚀坑或蚀孔、裂纹、变形、积垢等,超声波就会反射回来被接收并记录。通过专用软件分析,容易区分出焊缝的响应。其余有用信息可以被展开图示成可直观辨识的图像,以便对管体的腐蚀状况做出评估。

当超声波在板中传播时,将会在板面间来回反射,产生复杂的波形转换以及相互干涉。这种经介质边界制导传播的超声波称为超声导波。因为导波沿其边界传播,所以,结构的几何边界条件对导波的传播特性有很大的影响。与传统的超声波检测技术不同,传统的超声波检测是以恒定的声速传播,而导波速度因频率和结构几何形状的不同而有很大的变化,即具有频散特性。在同一频率激励下,导波也存在多种波型和阶次。在板状结构中,导波以2种波型传播:对称(S)和非对称(A)的纵波(也称 Lamb 波),以及剪切波(SH)。

在无限均匀介质中传播的波称为体波,体波有两种:一种叫作纵波(或称疏密波、无旋波、拉压波、P 波);一种叫作横波(或称剪切波、S 波),它们以各自的速度传播而无波形耦合。

在一弹性半空间表面处,或两个弹性半空间表面处,由于介质性质的不连续性,超声波经过一次反射或透射而发生波形转换。随后,各种类型的反射波和透射波及界面波均以各自恒定的速度传播,而传播速度只与介质材料密度和弹性性质有关,不依赖于波动本身的特性。然而,当介质中有2个或以上的界面存在时,就会形成一些具有一定厚度的“层”。位于层中的超声波将要经受多次来回反射,这些往返的波将会产生复杂的波形转换,并且波与波之间会发生复杂的干涉。若一个弹性半空间被平行于表面的另一个平面所截,从而使其厚度方向成为有界的,这就构成了一个无限延伸的弹性平板。位于板内的纵波、横波将会在两个平行的边界上来回反射而沿平行板面的方向行进,即平行的边界制导超声波在板内传播。

用洛仑兹(Lorentz)力和磁致伸缩(Magnetostriction)力,EMAT 与被检工件表面的相互作用激发出超声波,两种方法的作用机理如图 2.5.7-1、图 2.5.7-2 所示。

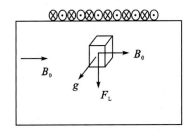

图 2.5.7-1　洛仑兹力的作用机理

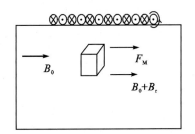

图 2.5.7-2　磁致伸缩的作用机理

图 2.5.7-1 揭示了洛仑兹力的作用机理。洛仑兹力是指带电质点在磁场中所受的电动力。当高频电流加到靠近金属表面的线圈上时,在金属表面的趋肤层内将会感应出相应频率的涡流来,此涡流方向与线圈中电流方向相反。若同时在金属表面上加一个磁场,那么涡流就会在磁场作用下产生一个与涡流频率相同的力,即洛仑兹力。它在工件内传播就形成了声波。

图 2.5.7-2 揭示了磁致伸缩的工作机理。磁致伸缩是指磁畴在交变磁场的作用下产生壁移和旋转。众所周知,铁磁性材料是由许多自发磁化的磁畴组成,在无外磁化作用时,这些磁畴排列无序,各磁畴磁性相互抵消,因而宏观上表现为磁中性。但当外磁场作用后,磁畴产生壁移和旋转,最后顺外磁场方向整齐排列起来。在这些磁畴运动中,会伴随着宏观形变,所以表现出磁致伸缩效应。此效应在工件内传播就形成了声波。

由于上述两种效应都具有可逆性,因而可利用检测线圈将信号检测出来,加以分析判定,从而检测出缺陷的大小、位置等。

声波具有频散特性,而且大量不同的波在介质中发生反射、折射和波形转换,在距探头一定距离处,各波不是清晰可辨而是迭加成波包,从而产生被限制的导波束,这些导波沿着介质传播。

传声介质的材料特性对导波有着直接的影响。导波的速率受到导波的频率、介质的几何形状和尺寸大小的影响。导波群速度特性曲线如图 2.5.7-3 所示。

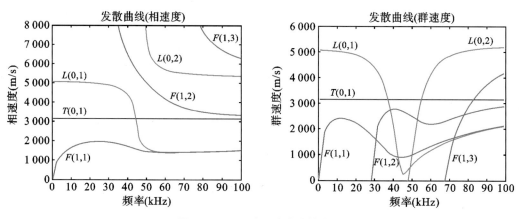

图 2.5.7-3　导波群速度特性曲线

导波好像平板中的板波,它发出的超声波频率比板波更低,它横穿整个管壁,并可以继续沿管壁传播上百米。在传播过程中碰到缺陷、结构变化的地方,脉冲波会发生反射并沿管壁传播到传感器而被接收。这一特殊的工作原理决定了管道超声波可以应用于工业企业中大范围、远距离的检测中去,实现全覆盖管道壁。

2.5.7.3　技术特点

超声导波技术与传统超声波技术相比具有两个明显的优势。一方面，从一点检测就可以迅速将大片区域屏显化。在构件的一点处激励超声导波，由于导波本身的特性（沿传播路径衰减很小），它可以沿构件传播非常远的距离，最远可达 100 余米。接收探头所接收到的信号包含了有关激励和接收两点间结构完整性的信息，因此，一个完整的发射和接收过程实际上是检测了一条线，而不是一个点。

另一方面，由于超声导波在管材的内、外表面和中部都有质点的振动，声场遍及整个壁厚，因此，整个壁厚都可以被检测到，这就意味着既可以检测管道的内部缺陷，也可以检测其表面缺陷。检测测量模式中可以测量 2%～5% 管壁损失量，监测模式中可以测量 1% 管壁损失量

另外，由于本身的特性，在固体中传播时沿传播路径的衰减很小，可以沿构件传播几十至上百米远的距离。可以对管道进行较长距离的非接触式检测。同时，超声导波可以在充液、带套管或包覆层的管道中传播，克服了传统无损检测方法需要逐点扫描的缺点。

导波技术在管道检测中的优势：

①可应用于管道、管状设备等。检测管道类型为无缝管、纵焊管。

②一般常规超声波检测只能检测到管壁一个点的腐蚀情况，而管道导波检测技术可以利用一个检测点，从两个方向检测到几十甚至上百米管道腐蚀情况。

③可以检测到常规检测技术无法检测到的地方，如埋地管道、海上平台海管立管等特殊管道。

④检测速度快，效率高，全方位覆盖，无漏检。

⑤可敏感地感应到横截面检测面的金属损失，检测深度也达到管道横截面的 4%。

2.5.7.4　技术应用情况及效果

经过多年的发展，超声导波在压力管道中进行检测的技术得到了国内外很多研究机构的关注与研究。因为在实际生产作业中非常需要利用先进的检测技术对压力管道检测管道情况，所以超声导波技术逐渐浮出水面，成为管道检测的一大技术。

海上平台甲板下海管立管腐蚀检测技术。人员无法到达位于平台甲板下的海管立管，腐蚀检测难度大，采用超声导波反射检测技术，通过在平台甲板上海管，装超声波发-收组件，激发某一频率的超声导波使其沿管道向两端传播，遇到异常，超声波就会反射回来被接收并记录。通过专用软件分析，可以快速检测超声波发-收组件两侧区约 30 m 范围内的腐蚀状况，如图 2.5.7-4 所示。

目前，超声导波技术已在埕岛油田多座平台海管立管检测项目中应用实施，进一步丰富了管道检测的手段，提高了立管检测的效率，节约了人力成本，具有较好的市场推广前景。

图 2.5.7-4　管线检测现场照片

2.5.8　导管架整体组装技术

2.5.8.1　技术背景

导管架的组装可根据其结构型式、设计图纸要求等分为立式和卧式两种。立式组装主要是根据导管架结构型式来确定，大多为高度较矮，两侧均设置了井口导向筒。卧式组装主要是针对导管架高度比较高，内部设置井口导向筒的导管架。

2.5.8.2　技术内容

该技术原理是利用结构型式，分为"分片预制，立式或卧式组装"。

导管架立式组装技术能够有效地保证导管架的成型尺寸、焊接等施工质量，立式组装技术还有效地将陆地预制深度最大化，缩短了施工周期，提高了工作效率，为之后的装船及海上施工等提供了更为安全的条件，如图 2.5.8-1 所示。

导管架卧式组装技术能够大量减少高空作业，同步开展多个分片预制，展开作业面，有利于缩短施工周期，能够最大限度地提高各施工环节的工作效率，保证质量、安全和工期的需要，如图 2.5.8-2 所示。

图 2.5.8-1　导管架立式组装图

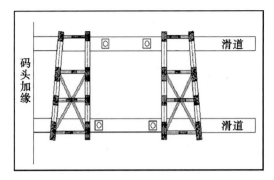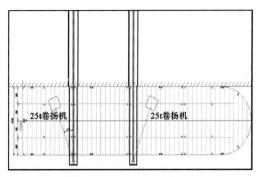

图 2.5.8-2　导管架卧式组装原理图

2.5.8.3　技术特点

施工效率高:采用分片预制,吊装合拢,可多分片同时预制,集中吊装,从而缩短总体工期,减少吊装设备占用时间。

施工质量高:场地预铺有钢制轨道,利用滑车作为导管架总装的基础,可避免因基础沉降引起的导管架建造精度降低。使用全站仪等高精度测量仪器,确保每个杆件的安装精度都在设计公差范围内。

安全性高:大部分工作在地面施工,尽量减少高空作业,规范、合理的搭设脚手架,班前喊话和过程监督,对安全风险从事前、事中到事后进行全过程管控。

2.5.8.4　技术应用情况及效果

该技术广泛适用于修采一体化平台、井组平台等各类平台导管架陆地预制,有效地为导管架陆地建造提供了较为完善的技术支持。

2.6　平台海上安装

平台海上安装是保障平台顺利投产的关键环节。埕岛油田经过近 30 年的开发,就海上平台的各施工阶段形成了成熟的关键技术,包括装船、拖航运输、导管架就位调平、打桩及上部组块的安装等,确保了各施工阶段安全,为油田的产能建设提供了技术支撑。

2.6.1　滑移装船技术

滑移装船是平台导管架和平台组块等大型结构物施工过程的重要环节,该技术取代了传统采用浮吊的施工方法,可以很好地克服码头及船舶资源等客观难题,大幅度地降低了施工成本。

2.6.1.1 技术内容

该技术利用主拖及回拖系统将上部组块及导管架滑移至船舶上。

（1）驳船就位

用抛锚艇将运输驳船船艏的 2 台 25 t 卷扬机上连接的定位锚向码头前沿抛锚。A、B 缆总长约 450 m，为绳径 38 mm 钢丝绳。将码头上 2 台 10 t 卷扬机上的钢丝缆分别连接到运输船左、右舷系缆桩上。C、D 缆总长约 300 m，为绳径 28 mm 钢丝绳。靠泊示意图如图 2.6.1-1 所示。

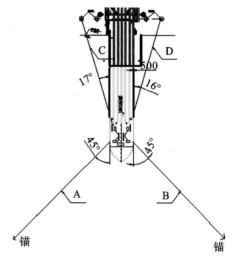

图 2.6.1-1　抛锚、系泊示意图

（2）轨道安装

轨道是滑移装船的重要组成构件，滑轨共 6 条，允许安装偏差为 ±10 mm，采用间断焊接形式与驳船甲板固定，平面布置如图 2.6.1-2 所示。

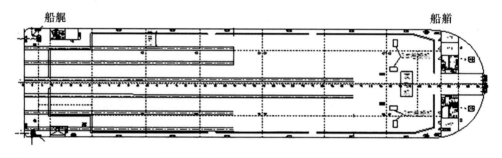

图 2.6.1-2　运输船舶导轨布置示意图

（3）主回拖系统安装

连接滑移装船主拖系统（2 组卷扬机和 2 组 4×4 滑轮组）所用设备：200 t 滑轮 2 组，2 台 25 t 卷扬机（配有 1 200 m 长，Φ38 mm 钢丝绳）。平面示意图如图 2.6.1-3 所示，所用设备见表 2.6.1-1。

在滑车尾部连接回收牵引系统，防止牵引力过大、滑车向前速度过快产生危险，并在牵引系统或压载系统产生故障，且滑移必须终止时，将平台拖回码头，选择其他时间第二次滑移。

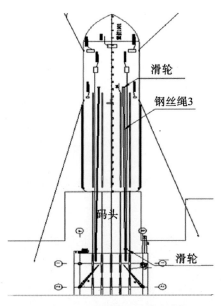

图 2.6.1-3　滑移装船布置示意图

表 2.6.1-1　某工程滑移装船设备表

序号	设备名称	规格	数量(台)	主要用途
1	卷扬机	25 t	2	连接并收紧驳船艏部定位锚
2	卷扬机	25 t	2	滑移装船时牵引滑车
3	发电机	300 kW	1	为卷扬机提供电力

（4）滑移装船

运输驳船上轨道与码头轨道对正后,将连接过桥安装到驳船与码头之间,在码头两侧安放 2 台水准仪,在驳船的艏部、艉部、舯部安装 6 根标尺,由专人负责将各点高度及时报告给总指挥,以便对驳船调载,保证驳船轨道高于码头轨道 30 mm。

调整驳船船位,使码头滑道和驳船滑道处于一条直线上。如图 2.6.1-4 所示。

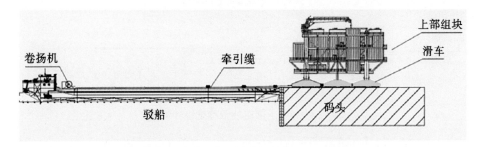

图 2.6.1-4　码头滑道与驳船滑道处于一直线上

连接滑移装船牵引系统,根据潮汐调整驳船压载,使驳船滑道面与码头滑道面齐平,牵引系统以 800 mm/min 的速度牵引着上部组块向驳船滑移,经过压载计算驳船压载能力可以满足此滑移速度。如图 2.6.1-5 所示。

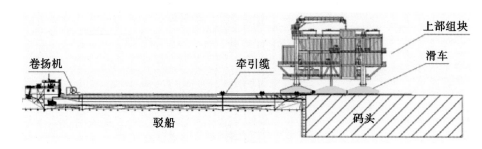

图 2.6.1-5   上部组块由码头向驳船滑移

继续牵引,逐步将上部组块重心移到驳船上,同时不断调节压载,使驳船上浮,始终使滑道面与码头面保持齐平,如图 2.6.1-6 所示。

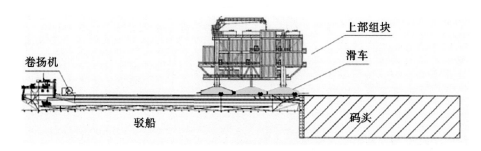

图 2.6.1-6   上部组块滑移至驳船

当上部组块完全上船后,先将回拖装置拆除,再将连接桥拆除,上部组块继续向前滑移,滑移到设计位置。如图 2.6.1-7 和图 2.6.1-8 所示。

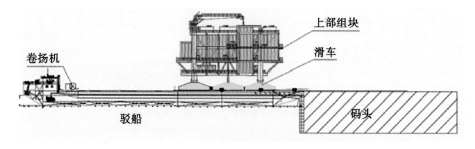

图 2.6.1-7   上部组块滑移至设计位置

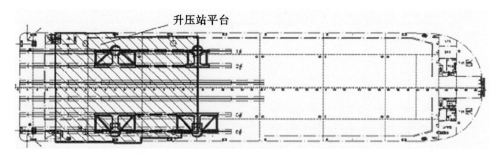

图 2.6.1-8　上部组块滑移至设计位置的俯视图

2.6.1.2　技术特点

（1）经济效益高

利用钢制滑车进行滑移装船，装船时间短，可在 4 h 内完成滑移装船，从而大幅降低海况变化的风险，节约船舶占用时间；免去租用大型浮吊或多组液压平板车，降低施工成本。

（2）海上安装风险小

采用滑移装船，海上吊装时不必对导管架整体翻身，大大降低了海上吊装的风险。

2.6.2　平台稳性拖航技术

海上大型平台的上部组块装船完成后，需要对其进行加固计算以及拖航稳性分析，从而对上部组块装船加固及海上运输提供更为可靠的技术支持（图 2.6.2-1）。根据平台上部组块的结构型式、设计图纸、平台的重心位置、船舶的相关数据、装船加固方案等要求通过相关软件计算进行数据分析（图 2.6.2-2），从而得出稳性结果。

图 2.6.2-1　平台海上拖航

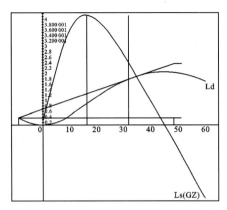

横倾角 (deg)	静稳性力臂 (m)	动稳性力臂 (m)
10.0	3.476	0.334
20.0	3.886	1.017
30.0	2.599	1.595
40.0	0.932	1.905
50.0	−0.856	1.913
60.0	−2.655	1.606

图 2.6.2-2　平台稳性分析原理图

2.6.2.1　技术内容

该技术通过对平台重心位置及装船加固方案等数据分析,得出拖航过程中是否满足运输要求。

以某工程为例,上部组块滑移至驳船设计位置后(图 2.6.2-3),立即进行封船加固。加固包含上部组块和驳船甲板、滑靴和驳船甲板两部分。滑移底座与滑道之间采用 8 块 200 mm×200 mm,$\delta=20$ mm 正方形钢板满焊加固方式,如图 2.6.2-4 所示。

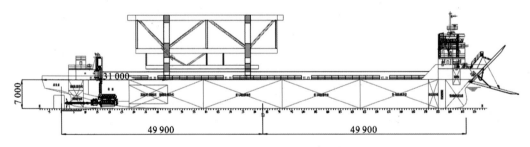

图 2.6.2-3　上部组块装船完成示意图

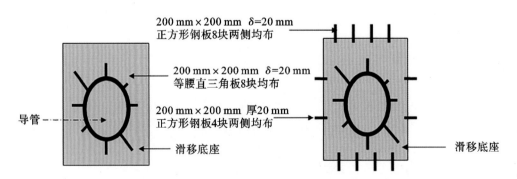

图 2.6.2-4　某工程正方形钢板加固方式

上部组块主体与驳船甲板之间采用 Q235B、Φ245 mm×18 mm 钢管进行连接加固，垂向角度均为 45°，与横向夹角大都为 30°，连接处加 PL-20 mm、550 mm×450 mm 垫板，撑管与导管满焊，焊角 16 mm，垫板与驳船甲板、撑管与垫板均满焊，焊角 16 mm，加固需 Φ245 mm×18 mm 钢管 49.8 m，PL-20 mm 钢板 4.36 m²，如图 2.6.2-5 所示。撑管安装在驳船承重力较高的结构上（舱内纵桁或立柱支撑点处）。上部组块在驳船上的加固斜撑布置形式见图 2.6.2-6。

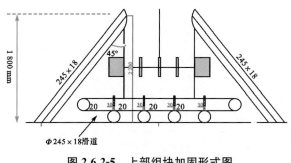

图 2.6.2-5　上部组块加固形式图　　　　图 2.6.2-6　加固斜撑布置图

2.6.2.2　技术特点

采用数值模拟软件进行全过程计算分析，保障拖航过程的安全。根据船舶能力、运输结构物的重量和重心、海洋环境工况制定可行的拖航程序；根据强度计算结果，进行绑扎加固；根据稳性分析结果，制订船舶压载计划，控制系统稳定性。提高稳性拖航的科学性、安全性和可靠性。

2.6.3　导管架防沉技术

海上采油平台导管架海上安装时，为减少海床影响发生沉降，一般根据导管架结构型式在导管架中心底部加装防沉板。导管架防沉技术不仅为海上安装提供了技术支持，也保证了导管架在就位过程中实现水平控制。

2.6.3.1　技术内容

该技术采用在导管架底部设计加装防沉板的方式，防止导管架整体沉降。

导管架加装防沉板的目的是提供一种结构简单、施工方便、成本较低、安全可靠，能降低结构不均匀沉降以及增强结构下放稳定性，其结构型式如图 2.6.3-1 和 2.6.3-2 所示。导管架桩腿下端支撑于防沉板上，防沉板顶板上开设有若干排水孔。

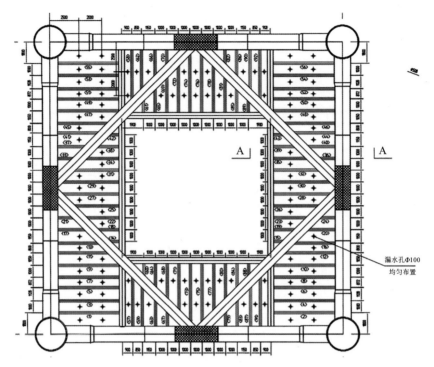

漏水孔Φ100
均匀布置

图 2.6.3-1　导管架防沉结构布置图

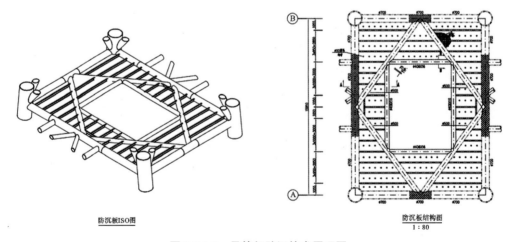

防沉板ISO图

防沉板结构图
1：80

图 2.6.3-2　导管架防沉技术原理图

2.6.3.2　技术特点

导管架防沉技术结构简单，施工方便，成本较低，安全可靠，可有效地控制导管架就位水平度，确保施工质量。

2.6.4　导管架吊装定位调平技术

海床不平整,加上海流对船舶的冲击及风载荷对吊物的作用力,容易使导管架发生倾斜。导管架就位要求精度高,受气象、海流等客观因素影响大,定位设备种类多,需要一整套导管架吊装定位调平技术指导后续施工。

2.6.4.1　技术内容

采用各种定位及测量设备实现导管架精确就位。

某工程具体实施方案:

表 2.6.4-1　某工程测量仪器设备一览表

序号	设备名称	型号	产地	数量	用途
1	实时动态测量 RTK	A10 GNSS RTK	中国	2 套	坐标、标高引测
2	苏一光水准仪	DSZ2	中国	1 套	水准测量
3	定位定向仪	Hemisphere V113	加拿大	1 套	定向
4	星站差分	K60	中国	1 套	平面位置测量
5	全站仪	瑞得 R822	中国	1 套	桩中心间距测量
6	测量车	瑞风	中国	1 辆	设备运输
7	计算机	Dell 系列	中国	2 台	外业资料预处理
8	电瓶	风帆 sail 系列	中国	2 组	设备供电

(1)控制基准

①采用"北京 54"坐标系,高斯-克吕格投影,中央子午线 117°E;

②对投入的仪器精度应符合测量规范规定的限差要求,并在出测前进行鉴定与检验;

③对采集和计算的各类资料的真实性和准确性负责。

(2)坐标系统

①平面控制。

此次调平,平面控制系统采用"北京 54"坐标系,高斯-克吕格投影,中央子午线 117°E,相关大地参数及投影参数如下:

参考椭球:Krassovsky,$a=6\,378\,245.0$ m,$1/e=298.3$。

投影:高斯-克吕格自定义投影。

中央子午线(λ_0):117°E。

假东(F.E.):500 000 m;假北(F.N.):0 m;比例因子(κ):1.000 0。

根据测区的地理位置,采用埕岛海区基准点建设项目控制点,控制点信息见表 2.6.4-2。

表 2.6.4-2   控制点信息

点名	等级	高程基准	保存状况
河海 10	三等	1985 国家高程基准	完好
河海 12	三等	1985 国家高程基准	完好
河海 13	三等	1985 国家高程基准	完好

图 2.6.4-1   埕岛油田基准点建设项目控制点现场照片

在测量作业实施前,架设 GPS 基准站:

图 2.6.4-2   GPS-RTK 基站架设现场图

②高程控制。

测量高程基准采用 1985 国家高程基准面。

（3）控制导管架就位位置

导管架就位过程中对水平就位位置的控制采用粗测和精测两种方式相结合。粗测是指使用 K60 定位定向设备和 V113 定位定向仪粗略指引导管架吊至设计就位位置附近；精测是指在粗测完成后通过 GPS-RTK 进行精确引导并将导管架精确安放在设计就位位置。层次分明的作业方式可提高就位效率，节约时间，更能精确地满足平面就位要求。

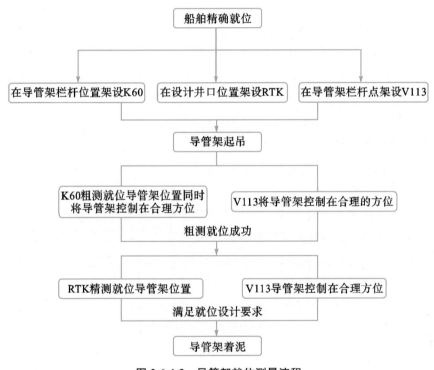

图 2.6.4-3　导管架就位测量流程

①K60 定位定向设备的使用。

K60 定位定向仪集定位与定向测量于一体，采用了复杂的基站移动 RTK 技术，可以获得高精度的定位/方位结果。K60 外观小巧玲珑，操作安装极为简便，采用一个主机、两个天线定位，可同时准确提供船位和航向，完全替代传统的双 GPS 定位。

②K60 设备在导管架固定安装。

首先在导管架顶层选择视野好、无遮挡的位置进行 K60 定位设备的固定安装，要求安装牢固，可采取焊接的方式。

根据导管架就位点坐标，并根据导管架顶层结构的相对几何关系，通过几何关系反算，推算出导管架顶层 K60 定位设备所在点的绝对坐标值，从而建立起导管架就位控制点与 K60 点的位置关系。

设备拟安装的位置为导管架栏杆靠近设计井口位置,根据设计井口坐标,通过几何关系反算出 K60 定位位置坐标定向位置坐标。

选取的 K60 点位置为导管架栏杆处,如图 2.6.4-4 所示。

在导管架下水前应在导管架顶端走道处根据尺寸精确量取 K60 点位置并做标记,K60 点通过焊接的方式固定。在导管架就位过程中,采取 K60 的控制点放样模式,对就位点实时监控,通过此方法粗略地将导管架引导至设计就位坐标附近。

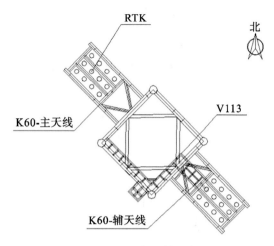

图 2.6.4-4   设备安装示意图

③RTK 基准站校准。

在距离导管架就位区最近处的陆地区域架设 RTK 基准站,按照 RTK GSM 模式的相关操作流程设置基准站及流动站,并且在 3 个或 3 个以上已知国家级控制点进行点校正,从而求得工区范围内参数,待移动站中出现固定解后即可进行实际测量工作。

④RTK 流动站定位设备在导管架固定安装。

首先在导管架顶层选择视野好、无遮挡的位置进行 RTK 定位设备的固定安装,要求安装牢固,可采取焊接的方式。

根据导管架就位点坐标,并根据导管架顶层结构的相对几何关系,通过几何关系反算,推算出导管架顶层 RTK 定位设备所在点的绝对坐标值,从而建立起导管架就位控制点与 RTK 流动站点的位置关系。

此次 RTK 拟安装的位置为井口位置,根据设计井口坐标计算 RTK 安装位置点坐标。选取的 RTK 安装点位置为导管架井口。如图 2.6.4-5 所示。

导管架下水前应在导管架顶端走道处根据尺寸精确量取 GPS-RTK 点位置并做标记,拟在设计井口位置通过焊接的方式固定 RTK 流动站。在导管架就位过程中,采取 RTK 流动站的控制点放样模式,对就位点实时监控,当导管架相应就位点移动到满足设计点位精度时可安放导管架。即实时 K60 位置点坐标、RTK 位置点坐标与反算出的设计就位点坐标平面位置差≤0.25 m 可安放,从而有效控制导管架平面位置精度。

(4)导管架方位控制

①定位定向仪安装校准。

拟在导管架顶端进行 V113 定位定向仪安装,将 V113 轴线平行导管架井口线轴,即导管架就位方位(135°)。同时,拟在导管架顶端安装 K60 定位定向仪定向天线,K60 定位天线头与定向天线头轴线平行导管架井口方向。安装完毕后,用 V113 同时开机进行方位信息采集 30 min,对方位信息进行比对校准。V113 定位定向仪与 K60 定位定向仪同时作业,进而保证导管架安装方位精度。

②导管架方位实时控制。

首先,采用电台连接的方式,将定向仪的方位信息传输到笔记本定位软件中,做到导管架方位在定位软件中实时显示,定向仪实时显示的方位信息与导管架就位方位同步。

其次,利用定位软件建立导管架模型,通过定位软件实时监控导管架方位信息,对导管架方位进行实时调整,当方位到达设计就位方位±2.5°,即当导管架方位达到 312.5°～317.5°(定位软件显示方向)时即满足设计要求,导管架可安放。

(5)导管架调平测量

①根据导管架顶层几何结构的相对关系,选择几处有效特征点(有效反映导管架平整度的点位)作为导管架调平的参考点。

②采用水准测量方式,以某一特征点为基点,计算其余各特征点的标高信息,实时调整导管架水平度,控制在允许误差范围之内,使得调平后导管架顶面标高的误差,在任一对角方向的最大坡度不超过 0.5%。并将水准测量的过程进行记录。

图 2.6.4-5　导管架吊装定位调平工程现场照片

2.6.4.2　技术特点

①数据实现了实时传输监测,时刻指导就位调平施工,避免了数据延迟造成误操作。

②多种定位设备相互配合,数据相互比对,形成了一整套定位监测方法,使定位数据准确可靠。

③就位精度高,多种设备配合将误差降到最低,大大提高了就位精度。

2.6.5 多级打桩技术

为了确保打桩的安全性,大多数采用多级打桩技术进行海内沉桩施工,其桩管的连接方式分为两种:焊接和螺纹连接。导管架就位安装后,对导管架主导管进行钢桩的插桩施工,根据工程需要逐级进行打桩施工。

2.6.5.1 技术内容

(1)设备选择

选择合适的锤型和锤级必须对桩的重量,入土深度,地层分布、厚度作综合分析。第一节桩管尽量使用振动锤打桩。根据导管架桩和隔水套管的规格,打桩/打隔水套管选用振动打桩锤、液压冲击锤、变频振动打桩锤共同完成作业。某工程各类型桩锤参数如表 2.6.5-1 所列。

表 2.6.5-1　某工程桩锤参数表

序号	规格型号	功率 (kW)	偏心力矩 (N·m)	激振力 (kN)	拔桩力 (kN)	自重 (t)	桩管直径范围 (mm)
1	IHC-S600 液压冲击锤	1 100	活塞质量 25 000 kg 冲击能量 500 kN·m	无		85	Φ1 000～Φ1 800
2	DZ-400S 振动打桩锤	2×200	5 800	2 180	800	38	Φ900～Φ2 000
3	DZM180 变频振动打桩锤	2×100	1 260	901	600	11	Φ500～Φ1 200

(2)打桩/隔水套管方案

①打桩/隔水套管插(接)桩高度及跨度计算。

根据桩(隔水管)的高度、跨度以及桩锤参数进行桩的自由站立分析、打桩分析,以确定每节桩(隔水管)的长度。桩(隔水管)分节计算如表 2.6.5-2 所列。

表 2.6.5-2　某工程桩(隔水管)分节计算表

位置	打桩吊装 跨距(m)	第一节桩 最小吊高 (m)	第二节桩 最小吊高 (m)	第三节桩 最小吊高 (m)	桩管重量(t)			入泥深度 (m)
					第一节	第二节	第三节	
C1	22.78	36	32	28	32.97	40.07	37.72	72
C2	22.78	36	32	28	32.97	40.07	37.72	72
B1	32.87	36	32	28	32.97	40.07	37.72	72

（续表）

位置	打桩吊装跨距(m)	第一节桩最小吊高(m)	第二节桩最小吊高(m)	第三节桩最小吊高(m)	桩管重量(t)			入泥深度(m)
					第一节	第二节	第三节	
B2	32.87	36	32	28	32.97	40.07	37.72	72
A1	47.37	36	32	28	32.97	40.07	37.72	72
A2	47.37	36	32	28	32.97	40.07	37.72	72
C11	22.78	36	28	22	20.80	19.40	17.10	62
C21	22.78	36	28	22	20.80	19.40	17.10	62
B11	32.87	36	28	22	20.80	19.40	17.10	62
B21	32.87	36	28	22	20.80	19.40	17.10	62
隔水套管	35.83(max) 30.77(min)	31	28	/	12.82	11.50	/	37.6

IHC-S600 冲击锤的锤套套入桩管至少 2 000 mm 长，接桩的高度至少距导管架水平撑 2 m，制作接桩焊接小平台共计 10 套，见图 2.6.5-1。导管架就位后，将小平台套入主导管，小平台放置水平后，在小平台与桩管之间均匀布置 4 块 100 mm×100 mm、厚度 12 mm 连接板，连接板与桩管之间焊缝要求熔透，连接板与小平台角焊缝焊角高度不得小于 8 mm，并采用包角焊。

②打桩/打隔水套管顺序与流程。

根据导管架入水后的水平情况，确定合理的打桩顺序，并遵循"先打高点再打低点，低点随时提升锁定"的原则。如图 2.6.5-2 所示。

（3）快速接头螺纹连接隔水管打桩方案

除焊接型式外，隔水管的连接还可以采用快速接头螺纹连接方式。打桩设备选择振动锤（隔水管 A 段打桩）、振动打桩锤（隔水管 B 段打桩）、液压套管钳（含液压站）1 套，在隔水管的 A 段上端焊接螺纹公接头，在隔水管的 B 段下端焊接螺纹母接头，如图 2.6.5-3 所示。同时在隔水管 A 段上端距顶部 1 m 位置焊接吊耳，用于隔水管的吊装。

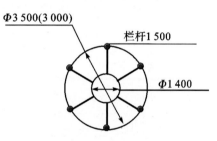

图 2.6.5-1 焊接平台

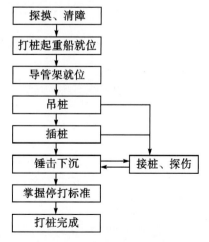

图 2.6.5-2 打桩施工流程图

图 2.6.5-3   螺纹母接头

在隔水管 B 段下端母接头端口安装喇叭口导向器,便于公、母接头丝扣对接施工作业,如图 2.6.5-4 所示。

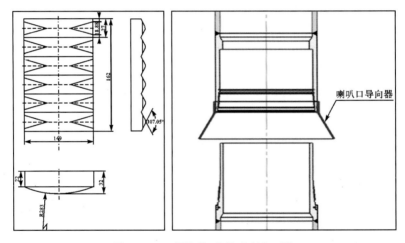

图 2.6.5-4   螺纹公、母接头丝扣对接

为降低液压振动锤夹持对隔水管 A 段公接头的损伤程度,在振动锤夹持钳内壁焊接与公接头弧度相近的弧板,如图 2.6.5-5 所示。

2.6.5.2   技术特点

①根据船舶档期灵活使用船舶资源,对船舶主钩吊高、吊装曲线等要求不苛刻,节省了船舶成本,提高了船舶利用率。

②多种打桩锤配合施工,提高了施工效率,减少了对桩管基座的影响,安全可靠。

③打桩方案灵活多变,可随时调整打桩顺序,

图 2.6.5-5   振动锤夹持钳

实现了效益最大化。

2.6.6　导管架灌浆技术

海上大型导管架的桩腿与导管架之间的固定,通常采用水泥灌注的方式,在导管架立柱内壁安装专用封隔器,防止灌浆时泥浆泄漏,达到桩管与主导管固定的作用。

2.6.6.1　技术内容

通过特制的封隔装置,在导管架就位完成开始插桩后将桩管与导管架主导管间的环形空间进行密封,在后续灌浆施工中防止泥浆泄漏,如图2.6.6-1所示。

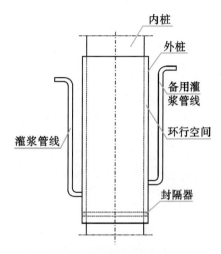

图 2.6.6-1　导管架灌浆技术示意图

（1）海上施工气象条件

小于6级风,浪高不超过0.6 m,并具备24 h以上的施工气象环境要求。

（2）施工用水

灌浆施工用水采用淡水（一般为饮用自来水）,出海前将饮用自来水存储在淡水箱内备用,灌浆施工用水用石蕊试纸检查:pH不小于6,并且不大于9。

（3）原材料质量控制

采用符合设计要求的C42.5硅酸盐水泥,检查合格证、出厂检测等报告,并在监理见证下做好水泥的取样,将样品送至相关实验室检测后出具原材料复检报告。

（4）原材料的复检方法

在监理见证下,水泥根据取样标准和规范进行取样,并送至相关检验部门进行检测出具合格报告。水泥取样方法:现场使用袋装水泥,依据标准,随机抽取不少于20袋,采用袋装水泥取样器取样,将取样器沿对角线方向插入包装袋,用大拇指按住气孔,小心取出抽样管,将索取样品放入符合要求的容器中（容器应洁净、干燥、防潮、密封、不易破损且不影响水泥性能。每次抽样的数量尽量一致）,取样应具有代表性,总量不少于12 kg。

（5）施工水泥浆的相对密度控制

水泥浆要按照平台结构材料规格书要求,确保水泥浆达到设计要求的相对密度。

（6）施工前落实导管架灌浆相关资料

主要包括平台导管架的内外桩管长度、直径、壁厚,导管架高度,环行空间体积,水泥浆技术要求等。根据灌浆施工的工艺流程,如图2.6.6-2所示,安排相应的灌浆施工内容。

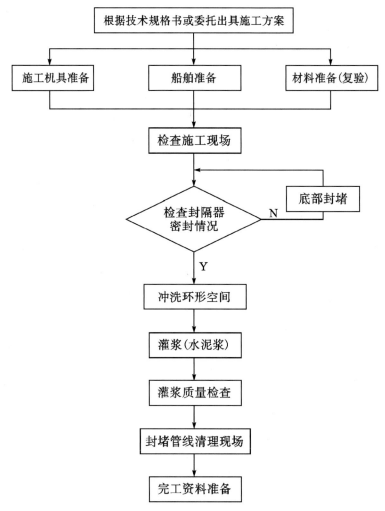

图 2.6.6-2　灌浆施工工艺流程图

（7）检查导管架内外桩管的环形空间密封性

通过潜水泵抽取海水对环行空间进行密封性检查。密封完好后，利用干净的海水通过灌浆管线灌入清洗，将泵置于最大排量下冲洗，通过返出的海水状况检测清洗的效果。如果无泥沙和杂物排出，就可以判定冲洗干净。

（8）灌浆过程控制

使用符合设计要求的水泥配制相对密度不小于 1.85 的水泥浆，采用连续灌浆，并使用密度计不断测试配制水泥浆和溢出水泥浆的相对密度，水泥浆相对密度低于设计要求时应加入适量水泥搅拌均匀，直到相对密度达到设计要求且利于管线泵送时，方可放入输送泵进行泵送。当溢出水泥浆相对密度不小于 1.8 时停止灌浆，灌浆过程做好密度测量记录，船舶灌浆设备布置如图 2.6.6-3 所示。

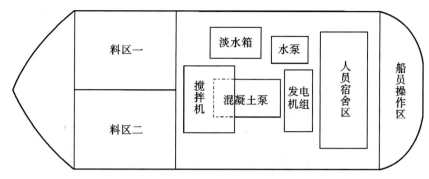

图 2.6.6-3　船舶灌浆设备布置图

(9)检查水泥灌注量

灌入环形空间的水泥量应不小于环形空间体积的 1.5 倍。

(10)对灌浆施工现场取样

在施工过程中进行现场取样(取样尺寸 70.7 mm×70.7 mm×70.7 mm,取样数量为 3 天试件 3 件,28 天试件 3 件,备用 3 件)。并将样品妥善保护,待施工船舶回岸后送交实验室进行物理性能检查并出具实验报告。

按照平台技术规格书要求,水泥试块 28 天最小抗压强度为 17.25 MP。

(11)异常情况处理方法

发现封隔失效:若冲水试验发现封隔器失效时,采取顶部塑料袋装水泥沉底的方式进行封堵;塑料袋装水泥沉底封堵无效,则需要潜水员从导管底部进行外部封堵,封堵可采用棉絮塞或者进行水下焊接。

灌浆管线损坏:水面以上的损坏管线可以更换,如果是局部小面积的损坏可以用环形管卡卡住。水面以下的损坏采用将原管封堵,在环形空间内加装新的注浆管,完工后抽出。

(12)灌浆密实度检测并出具相关检测报告

灌浆施工结束 14 天后可进行密实度检测。密实度检测方法:测试原理为弹性波反射法,使用测试仪在平台上部的桩体上均匀布置 3~4 个测点,目的是在已知导管架长度的情况下测试波速来判断灌浆情况。导管架环缝灌浆质量的评价主要依据有两个:①测试弹性波速的大小(波速小于 4 500 m/s 时灌浆胶结情况良好,波速大于 4 800 m/s 时胶结情况较差);②灌浆环缝内有无空洞或离析(当有离析类的缺陷出现时,胶结等级降低一级)。

2.6.6.2　技术特点

(1)施工效率高

通过灌浆管线将灌浆井口设置在导管架顶部,减少了水下施工,提高了灌浆施工效率。

（2）灌浆质量好

导管架灌浆系统为陆地提前预制完成，每根导管架主导管上均匀布置多根灌浆管线，且灌浆管线进行了相关试压，满足了施工需求，从而保证了灌浆的密实度。

（3）经济效益高

海内导管架灌浆已经形成了一整套的导管架灌浆技术，通过船舶、灌浆设备进行海上施工，机械化程度高，经济效益显著。

2.6.7 平台大型吊装技术

随着海工技术装备的不断发展，海上功能模块规模逐步增大，海上吊装就位重量通常超过 1 000 t，需要采用大型浮吊对其进行整体海上吊装就位。

2.6.7.1 技术内容

根据构件（导管架、上部组块等）的重量，选用满足吊装要求的大型浮吊设备（图2.6.7-1），通过吊索具连接大型构件（导管架、上部组块等），从而达到一次就位的目的。

图 2.6.7-1 大型浮吊（起重能力 3 000 t）

（1）船舶就位

根据当天潮水流向进行船舶就位，大型浮吊在拖轮的辅助下就位，浮吊在距平台约800 m 时减小航速，自主抛下 1# 锚，继续行驶至平台 400 m 时抛临时锚，拖轮拖浮吊行至距导管架 50 m 时，在导管架上带缆，稳住船后再用配合拖轮同时进行 2#、3#、4# 的抛锚施工。如图 2.6.7-2 所示。

船舶就位完成后，现场布置如图 2.6.7-3 所示。

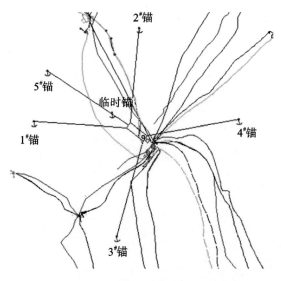

图 2.6.7-2 大型浮吊抛锚就位示意图

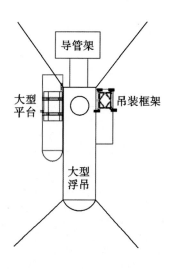

图 2.6.7-3 现场布置示意图

（2）上部组块吊装过程

上部组块吊装示意图如图 2.6.7-4 所示。

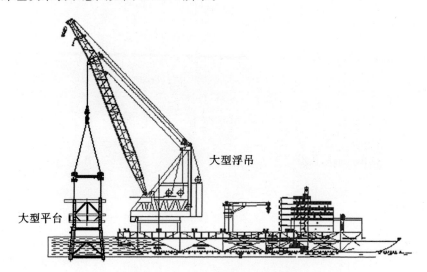

图 2.6.7-4 上部组块吊装示意图

在上部组块和浮吊之间连接 2 条控制缆，以控制上部组块吊起后上部组块与浮吊的相对位置。

切除上部组块装船固定，在准备吊装之前预留 30％的固定。

检查吊装索具、控制缆是否正常。

确认跨距是否能满足要求，确认在扒杆旋转半径上是否有障碍物。

切除上部组块的全部装船固定，并确认切除完全。

上部组块吊装时，逐渐增加吊装负荷到 100 t，检查吊装索具是否正常；如果正常，继续缓慢增加吨位直到上部组块全部离开支撑物。在距离地面约 500 mm 时停止起吊，检查吊装索具是否正常；如果正常再继续起吊旋转浮吊吊臂，调整钩头高度，同时通过 2 根控制缆控制上部组块方位。

上部组块在导管架上就位。利用浮吊变幅和旋转调整上部组块的位置，收放 2 条控制缆调整上部组块的方位，根据水平、定位系统的指示确定

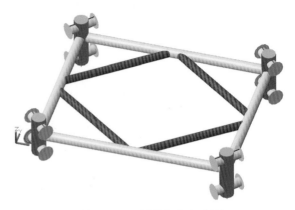

图 2.6.7-5　吊装框架示意图

上部组块是否在安装允许的误差范围内；如在上部组块安装误差允许范围内则慢慢放低上部组块，让上部组块安装在过渡段上，如图 2.6.7-6 所示。

图 2.6.7-6　大型吊装实例

2.6.7.2　技术特点

（1）施工效率高

利用大型浮吊整体吊装就位，节省了海上设备安装时间，提高了施工效率。

（2）提高了模块化预制深度

在陆地模块化预制时将大型设备安装就位，通过大型吊装技术，减少了海上安装工作量，提高了模块化预制深度。

（3）保障了焊接作业质量

大量焊接工作集中在陆地预制场地，减少对海洋环境的影响，提高了焊接的效率，提升了焊接质量。

2.6.8　平台浮托安装技术

2.6.8.1　技术背景

FLOAT OVER(浮托法)安装工艺是在不使用大型浮吊的情况下,就能完成一个完整上部模块的海上安装,避免了海上设备的组装和连接调试工作,从而大幅减少海上安装的工期以及由此产生的巨额费用。该种方法的最大优势在于平台结构和生产设施可以在陆地一次性完成,包括主机联调、生活模块的调试以及放空臂的安装均可在陆地建造阶段完成。后续海上进行整体安装,可以缩短海上施工工期,降低工程成本。

1983年,首次FLOAT OVER(浮托法)安装工艺成功地应用于飞利浦斯公司Maureen工程的生产平台上,其安装总重量为18 600 t,KBR英国公司最终成功完成平台安装。在该项目成功后,浮托法的一系列技术和施工机具应运而生。过去的30年中,FLOAT OVER作业技术在全球范围内得到了广泛的发展和应用。我国浮托法安装始于2002年,EDC-DPA平台是美国EDC公司和中石化胜利油田合作开发项目,利用即时潮差浮装技术顺利安装成功。之后浮托法安装技术在中国迅速推广,具备了高位浮托、低位浮托、动力定位浮托、超浅水浮托、冬季浮托等全天候、全序列、全海域浮托技术和施工能力。

2.6.8.2　技术内容

埕岛油田某中心平台上部组块安装重量5 000 t,设计水深12 m,在这种浅水区进行组块的安装作业,大型浮吊吃水无法满足安装要求,且资源有限。为了确保工程按期完成,采用浮托法安装技术,研发了具有自主知识产权的浮装耦合关键构件LMU,利用即时潮差的涨落,使平台顺利安装成功。

(1)主要设计内容

①形成海上平台上部组块整体浮式安装方案,进行平台群整体优化布局;开展导管架结构型式优选;并进行上部组块结构优化。

②开展上部组块整体滑移上船、驳运加固数值模拟分析;开展上部组块海上整体安装系统运动性能分析;上部组块与下部基础整体耦合对接数值分析。

③对平台上部组块整体安装开展物理模型试验,确定上部组块整体安装系统驳船选择及系泊系统、安装海洋环境参数等关键技术参数。

(2)主要施工程序

①浅剖。

平台出海前一个月在施工海域周围1 n mile的范围内委托相关单位进行浅剖,确认预定的位置没有海底管线及电缆。

②浮吊就位。

平台计划安装前3天,浮吊设备到达施工海域,在GPS的定位下就位至指定区域。

③预抛锚。

平台计划安装前 2 天,使用拖轮利用定位系统,抛设下 4 口定位锚,在锚缆端部设置浮标。

④拖轮拖带驳船自西向东移动,到达距导管架 600 m 位置,并摆正船位,驳船在此处待命,见图 2.6.8-1。

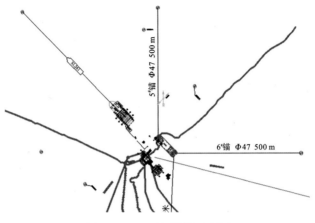

图 2.6.8-1　驳船抛锚示意图

⑤平台就位利用当天的平潮期,拖轮分别捞起预设定位锚锚缆浮标,将锚缆与卷扬机上锚绳用卸扣连接上,直至 4 口锚全部连接完毕。将驳船船艉绞盘的尼龙缆分别带到导管架 A3 与 B3 腿处,从浮吊上拉出 2 根尼龙缆带缆到驳船船艉缆桩上,见图 2.6.8-2。

⑥各台锚机与绞盘绞紧,固定好驳船。

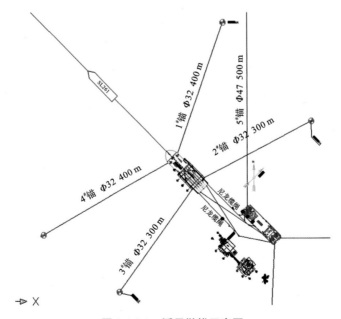

图 2.6.8-2　浮吊抛锚示意图

⑦驳船在锚系统的作用下运动至距离导管架 20 m 处待命,如图 2.6.8-3 所示。

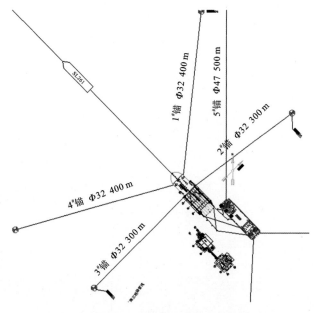

图 2.6.8-3　驳船绞锚就位示意图

⑧等待当天早上的天气预报,确定是否符合浮装条件(未来 48 h 内风速小于 5 级)如果符合条件浮装作业开始。

⑨开始拆除平台腿上绑扎和假腿斜撑。平台腿绑扎拆除 50%,假腿斜撑拆除 1/3。

⑩等待涨潮期,潮位达到进船要求 EL(＋)0.5 m,驳船在锚泊系统作用下开始进入导管架内部,如图 2.6.8-4 所示。在此期间继续拆除假腿斜撑。

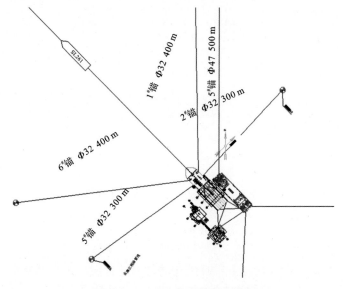

图 2.6.8-4　驳船进入导管架内部

⑪驳船开始压载,当上部平台立柱与浮装耦合单元相距1 600 mm时停止压载,并且初步对正平台立柱与耦合单元,如图2.6.8-5所示。

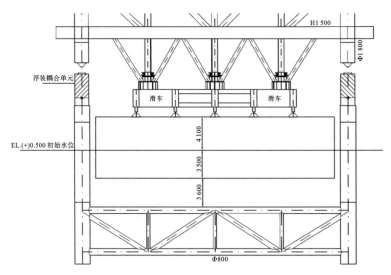

图2.6.8-5　对正上部平台立柱与耦合单元

⑫等待平流期,将平台立柱与耦合单元对正,并且驳船开始压载下降,如图2.6.8-6所示。压载速度为3 000 m³/h,压载所需时间为1.5 h。同时拆除剩余绑扎,保证平台与驳船无绑扎连接。

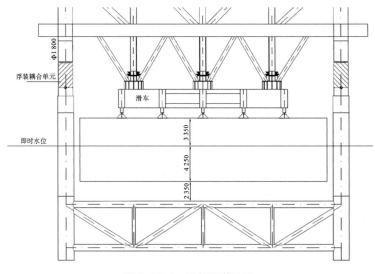

图2.6.8-6　驳船压载下降

⑬平台立柱完全与耦合单元上口对接,将放沙阀门打开,平台重量逐渐由驳船支撑构件完全转移至桩腿顶部的耦合单元上,见图2.6.8-7。继续压载,使驳船与平台完全分离。

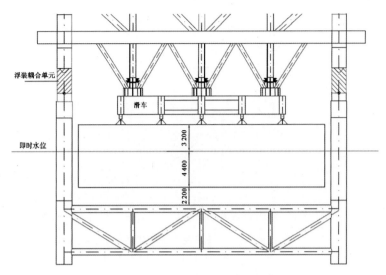

图 2.6.8-7　平台立柱与桩腿间的荷载传递

⑭驳船撤出导管架,距离导管架 300 m 处待命。

⑮从浮吊将施工用电电缆连接到平台上。

⑯在平台腿处搭设焊接用脚手架。

⑰焊接桩接口。

⑱平台剩余绑扎拆除。

2.6.8.3　技术特点

①形成了大型海洋平台结构整体设计及即时潮差浮托法安装技术。

②确定了适合于埕岛海域大型平台整体安装的关键参数。

③研发了具有自主知识产权的关键构件浮装耦合装置 LMU。

2.6.8.4　技术应用情况及效果

采用大型组块浮托法安装技术,埕岛油田某平台上部组块顺利安装,见图 2.6.8-8~2.6.8-10。研发了具有自主知识产权的浮托耦合装置,实现了大型模块陆地整体预制、海上整体安装的总体建造方案,缩短了海上的施工周期,创造了埕岛油田海上安装的新纪录,填补了中石化在这一领域的空白。

图 2.6.8-8　浮托法安装进船照片

图 2.6.8-9　浮托法安装耦合照片

图 2.6.8-10　浮托法安装退船照片

3 海底管缆

3.1 海底管道敷设安装

3.1.1 浮拖法敷设技术

3.1.1.1 技术背景

经过近 20 年的技术攻关,现已具备了特色鲜明、技术成熟的海底管道施工工艺。埕岛油田海底管线的施工方法主要有两种:一是浮拖法,二是铺管船法。

浮拖法是具有鲜明特色的海底管道施工技术,也是为埕岛油田量身设计的独有的海底管道施工方法。胜利埕岛油田地处滩海,施工海域水深为 1~18 m,特别是近岸海域,水深小于 2 m。根据埕岛油田海域的特点和已有的施工机具,经过多年研究、探索、实践,总结出一整套适合滩海油田海底管道铺设的施工技术——浮拖法。适用于滩浅海海域,在特定条件下具有显著的优势,但施工效率相对较低的弊端也同样明显,由此引起的高昂船机费也是海底管道施工成本居高不下的一个主要原因。

3.1.1.2 技术内容

海底管道浮拖法敷设技术分为拖运段陆地预制、拖运段发送入水、海上拖管、水平口海上对接等关键技术环节。

(1)拖运段陆地预制

在陆地预制场,通过辊道、卷扬机等设备,采用流水线作业方式,将海底管道预制成拖运段的技术,其主要内容包括钢管的车间预制和平管段陆地预制拖运段。

车间预制的主要内容为:在预制厂内,单壁管段外壁采用加强级 3PE 防腐加工,内壁涂刷塞克-54 进行内防;复壁管段内管在预制厂内进行塞克-54 内防以及泡沫保温加工,外管进行 3PE 防腐加工;出厂时管材两端套有防护帽。

平管段陆地预制流程见图 3.1.1-1。

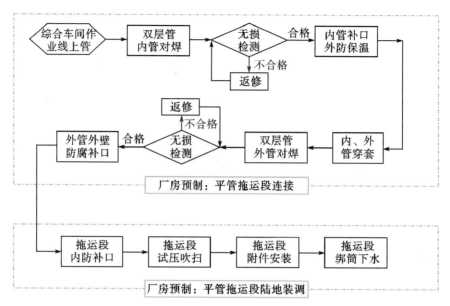

图 3.1.1-1　托运段陆地预置流程图

平管段陆地预制程序:

①内管上管组对(工位 1)。

清理钢管内部杂物,确保管体内部清洁。首先,用辊道上一根双层管。然后,用送管设备陆续将 3 根单层内管输送布置在综合车间作业线工位 1(以后上管全部是双层管)。根据陆地流水作业线施工工艺,在工位 1 对口辊道与外对口器的辅助下进行内管焊口组对及打底焊接。

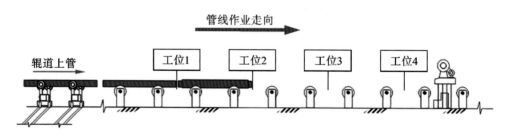

图 3.1.1-2　内管上管组对图

②内管焊缝填充(工位 2、工位 3)。

工位 1 焊口打底焊接完成,启动辊道。内管焊缝顺序进入工位 2、工位 3。工位 2 进行焊缝第一遍热焊填充,工位 3 进行填充盖面焊接。

③内管焊缝无损检测及防腐补口(工位 4)。

内管焊口进行 100% 射线检测,无损检测合格后进行防腐补口。

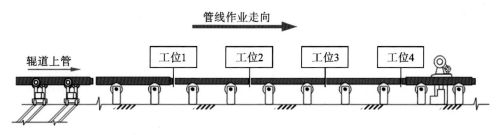

图 3.1.1-3　内管焊接及焊缝检测图

④拖段内、外管穿套连接(工位 1~4)。

埕岛油田海底输油管道多为复壁管结构,内、外管之间设有保温层,陆地预制阶段,内、外管分别组对完成后,要进行复壁管穿管施工,即采用卷扬机、辊轮等设备,将套管穿套进芯管的技术。

启动辊道,利用卷扬机牵引及厂房行吊配合把双层管外管穿过已防腐保温的 3 根单层内管。从工位 4 用厂房设备配合外对口器进行外管组对、焊接。

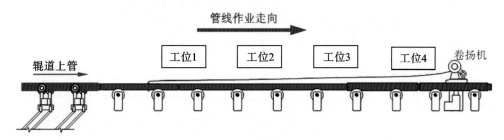

图 3.1.1-4　内外管穿套连接图

①外管焊接、无损检测及防腐补口。

自工位 4 之后延续外管的焊接,100%超声波无损检测,防腐补口。

(A)内补口。

预制采用补口机内喷涂涂料,海上安装采用玻璃钢内补口接头进行内补口的技术。

内管焊口补口:内补口采用补口小车在管道内部进行喷涂无溶剂液体环氧涂料 2 道,干膜总厚度≥300 μm,单端与内壁液体环氧涂料的搭接长度≥100 mm。(注:焊口检测及内补口小车的进出工位设置在作业线首段的操作平台上"工位 X")

经过现场试验,无溶剂涂料完全满足设计要求且喷涂效率明显提高,同时杜绝了CK-54 喷涂后挥发气体易爆的安全隐患。

(B)外补口。

采用动力机械对焊缝进行打磨,再进行海底管道防腐保温的技术。

外补口采用粘弹体防腐胶带(基材厚度≥1.8 mm,带宽 600 mm)+PEF 保温板(厚度 30 mm)+聚乙烯热收缩补口带(热收缩后补口带宽度≥650 mm,基材厚度≥1.5 mm,胶黏剂层 1.2~1.5 mm)。

粘弹体是一种新型的内管外防腐材料,焊口清理干净后直接将粘弹体包覆粘贴在焊口上即可达到防腐功效,快速,便捷,除锈等级要求低,防腐效果好。

②陆地清管、试压、吹扫及安装附件。

内防合格将管线调至发送滑道,进行拖运段陆地清管、试压、吹扫及安装附件。

(2)拖运段发送入水

拖运段发送入水是指采用浮桶绑扎的方式,利用船舶牵引,在吊管机、滑车轨道的配合下,将拖运段管道发送至滑道内入水漂浮的技术。其主要内容包括海底管道拖运前浮筒安装、附件安装、陆地发送、拖航前的准备和路由定位。

①海底管道拖运前浮筒安装。

通过浮筒配置计算出需安装浮筒的间距,然后将浮筒用棕绳绑扎在管线上。

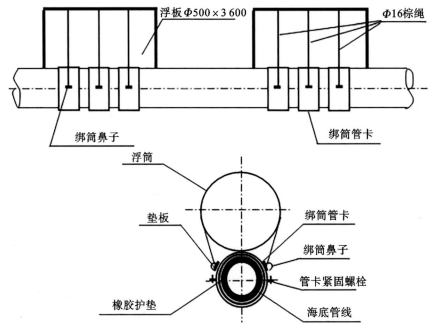

图 3.1.1-5　浮筒绑扎示意图

②管段下水、陆地发送。

(A)用有轨道牵引法,轨道坡度为 1∶250,轨道上设滑车,每 10 m 布置一个,管线就位于滑车上部管托之上。

(B)用 2 台吊管机,管道牵引用一艘浅拖轮,将管线牵引下航道。

(C)管段下水速度,保持拖轮同陆地发送设备的协调一致。在管线入航道处准备一台 35 t 吊车,当发送至管尾时,尾部会翘起,可用吊车吊起管尾,协助拖轮将管尾送下航道。

③拖航前的准备。

(A)应巡线,沿计划拖管路线察看有无影响拖管作业的障碍、船只等,及时协调避让,应进行详细勘察,选择海底设施较少的路由进行拖运。

(B)设计路由使用GPS定位系统抛设标志漂4个均匀分布。

(C)尾拖轮、横向调管拖轮、解桶船、浮桶回拖船,用于海上捞漂、挂绳、收缆、捞桶、送饭船等,拖管前一天将上述船准备好。

(D)收听天气预报和掌握海面上实际浪涌情况,掌握当天就位海域准确的平流时间和潮情。制订出拖航计划,选择南风5级以下、无雨、无雾的气象条件拖管作业,控制出发时间和拖航速度,选择在平潮期就位。

④路由定位。

拖航前,将管线设计路由的GPS点坐标数据提供给主拖轮,以便协调拖管就位时主拖轮拖航轨迹同设计路由相吻合。坐标选用"北京54"坐标。

图3.1.1-6 管线下水示意图

(3)海上拖管

海上拖管技术是指按照设计航线,利用拖轮牵引,将拖运段管线拖运至设计路由位置的技术。主要包括两部分内容:拖管就位和管段解筒沉管。

拖管就位主要包括以下内容,图3.1.1-7为海底管线拖航示意图。

①主拖轮就位于内港,拖缆选用Φ80丙纶八股缆,长度100 m。小机船捞起管头拖绳标志漂,用30 t U形卡环连接管头拖绳和拖缆的一端,然后把拖缆的另一端送至拖轮挂好,小机船离开。

②主拖轮起动拖管前进,将管线拖出内港,并沿计划拖管线路继续拖航,拖管速度控制不小于4节。

③调管拖轮跟随主拖轮护航,其他船舶和尾拖轮可直达就位海域。

④拖管过程中随时注意管线情况和海面的水文气象情况,发现异常及时采取相应的

保护措施。

⑤主拖轮拖管线到达设计井位时，在 GPS 系统的协助下，控制拖轮沿管线设计路由拖航。

⑥到达就位区域时主拖轮保持进车。尾拖轮到管尾处，小机船将尾牵引缆交给尾拖轮挂好。

⑦尾拖轮参照路由预设标志漂将管尾调至设计路由，并沿路由方向纵向拉伸管线，同时，尾拖轮收缆，使管道固定于预定位置处。

⑧海管在平流期就位，按以上程序操作，已基本可以控制管线路由，这时观察管线路由，标志漂与管线轨迹一致便可解筒沉管。

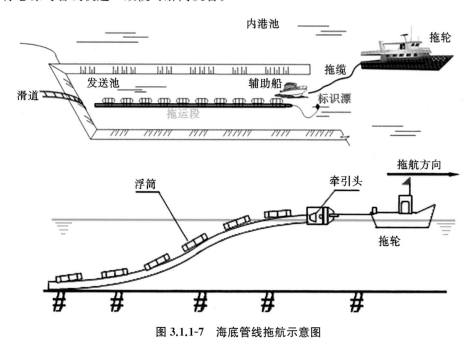

图 3.1.1-7　海底管线拖航示意图

管段解筒沉管的主要内容为在管段拖运到设计位置，首、尾及中部拖轮将管段拉紧的情况下，控制管线路由在设计轨迹上，通过解脱浮筒使管段就位于海底。主要包括以下五个阶段：

①解筒锚艇分别就位于管段首、尾，分别捞起解筒绳标志漂，将解筒绳端绕于锚艇上的绞盘上。

②两锚艇的绞盘分别收绳，解筒绳拉断绑缚浮筒的棕绳，浮筒同管线分离浮出水面，达到解脱浮筒的目的。

③两锚艇由两端向中间逐渐解脱所有浮筒。小机船沿线收筒，将收到的成组浮筒送至拖筒船上。

④浮筒解脱完后，首、尾拖轮摘掉首尾拖缆，小机船回收，所有船只返航完成拖管就位作业。

⑤就位完利用声呐探测设备对海管进行探测，检测海管路由。

（4）水平口海上对接

水平口海上对接是指采用浮吊悬臂吊等专业设备，对海底管道水平口进行海上对口连接的技术，海上管线现场水平口连接处的内补口采用玻璃钢内补口接头。对较长的管线，分段拖管就位后，需进行海上接口安装，图3.1.1-8为海上水平口对接示意图。由于海底管道海上接口时，工程船捞管、调管、吊放过程的应力状态较复杂，挠度过大会产生严重塑性变形甚至折断，所以必须按应力计算书的计算值控制吊装过程。

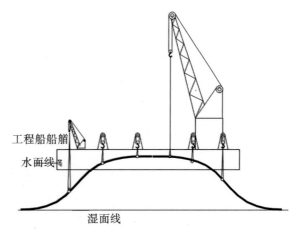

图 3.1.1-8　海上水平口对接示意图

水平口施工包括以下工序：工程船舶抛锚就位、吊点设置、管线起吊、测量切割、水平口对接、弃管入海。

3.1.1.3　技术特点

①采用陆地分段预制，浮拖运至铺设地点将其下沉铺设在海底预定位置，受水深限制小，缩减海上作业时间、减轻了海上施工劳动强度。将海上的环境条件对施工的影响减轻到最低限度，使海上施工的安全风险降低到最低程度。

②减少了对海上作业船舶和设备的需求。

③采用了先进的工艺和方法。如海上接口内防采用内衬保护套结构和立管施工采用计算机软件辅助施工。

④本工法工序操作简便，可靠性强，易掌握。

3.1.2　铺管船法敷设技术

铺管船法是目前国内外海底管线施工领域较为普遍的施工技术，铺管法上管、对口、焊接等工序都是程序化施工，大大提高了施工效率和焊接质量。

3.1.2.1　技术内容

（1）铺管船"S"形铺管

铺管船的适用性强，机动性好，且施工工艺已十分成熟，是目前世界上使用最广泛的一种海底管道铺设方法。近几年，随着各种类型的具有高端技术高附加值的深水铺管船的设计研发，铺管船总体性能的高效性、结构的安全性、施工的经济性以及舾装配件布局的合理性等方面引起了研发人员和各国船级社的高度重视。

目前国内先进的铺管船主要有滨海109、蓝疆号、SL901、SL902以及刚刚下水的海洋石油201号。

综合国内外的铺管实际工程经验,海底管道的铺设方法主要有拖曳式铺管法、卷管式铺管法、"J"形铺管法和"S"形铺管法。

从目前的工程应用来看,不同的铺管方法都有其一定的特征和适用性。拖曳法主要应用于近海滩涂铺设或短距离铺设;卷管法由于存在较大塑性变形,其可铺设的管径一般小于16英寸;深海铺设时一般选用"J"形铺设或者"S"形铺设。

埕岛油区处于水深5~20 m的浅滩海海域,制约铺管正常施工的因素较多,综合考虑各种因素的影响,SL901、SL902埕岛海域铺管施工采用的是"S"形铺设。

(2)流水线全自动焊接

流水线全自动焊接技术采用的铺管船施工工位平面布置图如图3.1.2-1所示,各个作业线工位介绍如下:

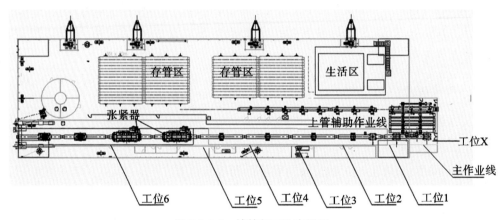

图 3.1.2-1　铺管船工位布置图

①辅助作业线:将穿套好的管段吊放到辅助作业线辊道上,去掉管道的坡口护罩并除锈清理管端,对钢管内部进行清理,确保管体内部无杂物,然后将管道输送到主作业线对口工位。根据双层管铺管施工工艺,铺管起始第一根12 m管段为芯、外管穿好的管段,一端安装牵引头,另一端内管露出外管400 mm;第二、三、四根上不穿外管的单根内管,第五根以后开始上芯、外管穿好的管段。

②工位1:在作业线上对口辊道与对口器的辅助下进行内管管口组对打底、热焊施工,并在管口顶部标明管口编号。焊接方法:RMD或氩弧焊打底。焊接严格按焊接作业指导书操作。

③工位2:采用工位上的自动焊焊接设备对芯管口进行填充盖面。焊接方式为自动焊,焊接严格按照焊接作业指导书要求操作。焊接方法:自动焊填充盖面。

④工位3:内管所有焊口及所有焊缝修补全长应进行100%射线探伤检验或100%自

动超声波检验（AUT），外管所有焊口应进行 100％全长超声波探伤检验。检测合格后进行下一道工序，若不合格在该工位进行返修处理（返修不得超过两次）。

⑤工位 4：主作业线开始上第一根芯、外管穿好的 12 m 管段，然后利用主作业线上的牵引装置进行穿外管作业，使外管撸过工位 1～3，达到外管组对的条件。采用外对口器或辅助机具进行外管的组对打底施工（采用 RMD 或氩弧焊打底），并在管口顶部标明管口编号。

⑥工位 5：采用工位上的自动焊焊接设备对芯管口进行填充盖面。焊接方式为自动焊，焊接严格按照焊接作业指导书要求操作。焊接方法：自动焊填充盖面。

⑦工位 6：进行套管外防腐及安装阳极块作业。

工位 X：进行内补口作业，内补口采用补口小车在管道内部进行喷涂无溶剂液体环氧涂料 2 道，干膜总厚度≥300 μm，单端与内壁液体环氧涂料的搭接长度≥100 mm。

各个工位每完成 1 次工作，铺管船就要沿设计路由向前移动 1 根管（12 m）的距离。在导航系统的监控下，铺管船依靠 8 台锚机的收放锚缆来完成移位。安装在作业线尾部的张紧器保持 200 kN 拉力，可缓解海浪通过船体传给管道的应力，以保证管线的稳定性和铺设轨迹的准确性。铺管过程中，托管架的角度保持在 10°左右。铺管船每前进 300 m，需要通过抛锚拖轮将 8 个锚重新就位一次，抛锚坐标根据现场情况沿设计路由确定。

（3）现场实时监测

现场实时监测主要包括对管线焊口进行 100％TOFD＋PAUT 或 AUT 无损检测及返修工作和海管屈曲检测。

①对管线焊口进行 100％TOFD 无损检测及返修工作。

TOFD 检测焊口温度要求为 50℃以下，为此专门针对不同的管道焊接制作了相应焊缝水冷降温 WPS 和 PQR，极大提高了焊口冷却速度，保证整个作业线不致因焊口冷却时间长阻滞正常铺管作业。实现了实时现场检测焊口质量。

②海管屈曲检测。

根据海管铺设情况采用潜水员探摸的方式对海管进行屈曲检测。海管铺设入水前对海管外壁检查，确保海管外壁无刮伤划痕。海管着泥后 50 m 处，由潜水员探摸管线外壁，当管线外壁防腐层出现褶皱时，即判断海管屈曲。

针对海管受损，即刻停止铺管作业，分析海管受损原因。核对海管状态后，根据海管情况进行海管修复。实现了实时检测管线防腐层质量。

（4）收/弃管

在铺管正常施工过程中如遇到恶劣气象影响，将进行弃管作业，施工船舶避风，待气象条件好转后，再重新就位进行收管作业继续铺管。

恶劣天气到来前或管线铺设完毕后进行弃管施工，见图 3.1.2-2 和图 3.1.2-3。

①将连接有 40 m 长拖缆的管线牵引头安装至管线尾部。

②工作继续进行，每完成一次作业，铺管船通过收放锚缆，前进一个管长的距离，使

管口进到下一个工位,一直到最后一根管到达张紧器。

③作业线内的 A/R 绞车,放出缆绳引入作业线,依次经过工位 1-5,到达牵引头,用卡环连接收放绞车端与牵引头拖缆端。

④绞车缆绳,并逐渐升至设定张力。

⑤张紧器,完成张力由张紧器—收放绞车的转换。

⑥向前移船,同时收放绞车保持恒定张力不变。

⑦绞车缆绳与牵引头拖缆接头到达托管架时,将 1 个准备好的浮漂连在牵引头拖缆端,浮漂绳长度能保证在最高潮位时也足以使浮漂浮出水面。

⑧向前移船,当两缆接头离开托管架后停止移船,逐渐减小收放绞车张力,管头被放置于海底。

⑨扣解开,牵引头缆绳与浮漂弃于海中,收放绞车缆绳收回。

⑩管架吊至铺管船甲板,完成弃管作业。

⑪根据施工现场情况,采取起锚或弃锚,离开施工海域。

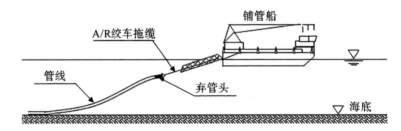

图 3.1.2-2　弃管作业示意图

图 3.1.2-3　弃管作业现场照片

当气象条件好转后,再重新就位进行收管作业继续铺管,见图 3.1.2-4。

①管船在 GPS 指引下移位至原弃管位置,抛锚就位。

②潜水员水下检查海管在海底的情况,若管线变形、管端不在设计轨迹上,需进行海管的修复和管端调整。铺管船调整好船位后,潜水员水下系吊点,连接至舷吊,起吊一端

管线,两舷吊同时缓慢起吊,保持同步,同时吊至计算高度,将管端吊离泥面,调整船位使海管调整到设计轨迹。

③托管架入水。

④作业艇捞起弃管头拖缆端的浮漂,与 A/R 绞车的拖缆连接,拖缆要经过托管架和作业线。

⑤收放绞车,保持设定张力。观察绞车缆的方向,同时调整铺管船船位,使管道、托管架和绞车缆在同一轴线上。向后移船,实时监控调整托管架的角度,将弃管头引至托管架。

⑥向后移船,管头顺序经过作业线各工位到达工位 1。

⑦起动张紧器至设定张力,放松收放绞车,完成张力由绞车—张紧器的转换。

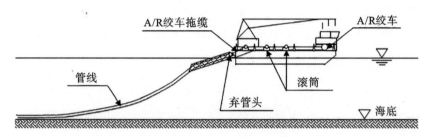

图 3.1.2-4　收管作业示意图

3.1.2.2　技术特点

①施工采用流水化作业,易施工且施工速度快。

②管道轨迹准确,施工质量易保证。

3.1.2.3　技术应用情况及效果

通过多条海底管道的铺设施工,逐步形成了滩海领域铺管船铺设海底管线的施工工法。滩海铺管船铺管法在管线布设轨迹控制、施工周期控制等方面技术先进,取得了明显的社会效益和经济效益。

3.1.3　立管安装技术

3.1.3.1　技术背景

埕岛油田海底管道路由设计主要有两种布置形式:平台至平台、平台至登陆点,管道登平台、登陆均采用立管结构。采用浮拖法或铺管船法敷设完平管段后,还需要完成最后立管段的安装。立管为海底管道系统的重要组成部分,立管海上安装为海底管道施工的关键工序和关键点,根据多年的立管海上施工经验,形成了埕岛特色的立管安装技术,对立管安装施工步骤进行详细的分解,实现了标准化、模块化安装。

立管安装是指采用浮吊吊机、悬臂吊等专业设备,将立管与水平段管道连接并安放于登平台腿柱上管卡内的过程。

3.1.3.2　技术内容

立管施工按照先陆地预制后海上安装的原则,根据立管设计结构将立管在陆地预制成主立管和水平弯两部分,然后将立管运至工程船上并根据各端立管的实际情况进行后续施工。立管施工时,浮吊就位后首先将管线调整至设计路由位置,然后进行施工,施工方法包括施工船舶就位、立管海上预制、海底管线起吊、海底管线切割、立管与海管连接和吊放立管入卡六个步骤。

（1）施工船舶就位

工程船到达立管安装平台海域后,侧舷平行于海管按抛锚申请报告就位,具体要求及注意事项见抛锚就位申请报告。海底管道水平弯施工就位、立管施工就位见图 3.1.3-1～3.1.3-2。

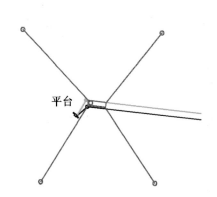

图 3.1.3-1　海底管道水平弯施工就位示意图

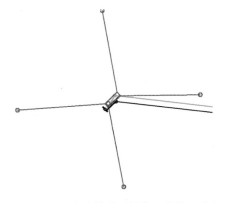

图 3.1.3-2　海底管道立管施工就位示意图

（2）立管海上预制

浮吊就位完成后,利用起重设备在工程船甲板按设计空间夹角预制连接主立管及立管水平膨胀弯。海上管线内、外管焊口分别进行超声波探伤检测、管线防腐保温。管线现场内管内补口采用玻璃钢内补口接头,外管采用焊接加瓦形式连接。

按设计安装位置陆续安装牺牲阳极、立管吊点、斜支撑管卡,连接撑杆。牺牲阳极安装要求同平管段。安装立管支撑管卡时,在管卡内布置一层 $\delta = 6$ mm 胶皮防止吊装立管时管卡对管线的受力损伤。立管预制完成,吊装如图 3.1.3-3 所示。

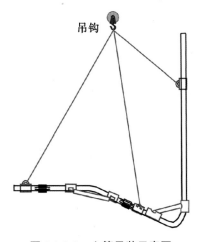

图 3.1.3-3　立管吊装示意图

（3）海底管线起吊

潜水员水下探摸确认水下海底管线实际情况，确定施工方案。

利用工程船主钩以及绞盘等起吊设备，将海底管道缓慢捞出水面，并固定于船舷侧（管线起吊捞出水面时各个起吊点的受力以及起吊高度，严格按照管线起吊计算书步骤进行）。

起吊时匀速起吊，起吊速度控制在 3～5 m/min。起吊过程采取断续起吊，施工人员水上监控，加强起吊巡查，注意监控调节主吊和舷吊起吊速度，保障各吊点均匀受力。若吊力局部力过大，立即停止起吊，查找原因并及时处理。

海底管线吊出水面后，逐渐放缓起吊速度至管线平管达到施工要求高度，并随行固定管线。

（4）海底管线切割

利用工程船浮吊试吊立管平行侧放于捞起的海管旁，测量计算立管与海管搭接余量，选定海管切割点，确定焊接施工位置。在海管切割点位置搭设临时挂架，四周布置安全网。

采用火焰切割方式于海管直管段切割点将海管切断并将割下管段吊放于运输船舶上，剩余海底管线端修磨达到管线对接坡口要求并安装胀管头，等待连接立管。

（5）立管段与平管段连接

浮吊主钩将立管吊至工程船舷边固定，立管水平段与海管平管段内管组对焊接、超声波检测（海上安装焊接过程中对操作环境进行温湿度检测，确保温湿度在焊接允许条件以内，若海上施焊环境不满足焊接条件时，可采用帆布搭设防风棚、焊口加温等措施改善施焊环境使其满足焊接条件）。图 3.1.3-4 为立管安装示意图。

管段组对焊接严格按照陆地施工技术要求及相应的焊接作业指导书操作。海上管线现场内补口采用玻璃钢内补口接头。

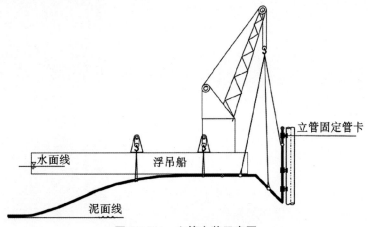

图 3.1.3-4　立管安装示意图

（6）吊放立管入卡

焊口防腐保温完成后即拆除临时操作平台，选择平潮期进行立管入卡作业。

工程船断续缓放绞盘及浮吊主钩，使海底管线平管段慢慢放到海底，立管段慢慢靠近立管桩进入管卡，拧紧水面管卡螺栓。

立管底部贴泥面后，潜水员水下探摸立管水下入卡及海底泥面状况，关闭水下管卡并出具潜水员探摸报告，最后解脱起吊绳索、拆除立管斜支撑结构。

立管施工完毕，工程船撤离施工现场。立管固定卡上悬挂法兰待海底管线整体试压完成，立管不再自然下降后方可安装。

3.1.3.3　技术特点

①立管采用模块化陆地预制，主立管和膨胀弯完成陆地预制后，出海安装将几个整体构件吊装至工程船（船型类似胜利 901 和胜利 151），安排作业人员在工程船上将两个构件按照设计要求进行组装，规避了构件因海上安装而增加施工时间。

②立管采用抗冰护管硫化橡胶等特定的形式进行保护，增加了立管整体安全性。

③立管吊装安装是浅海条件下特有的安装方法，立管与海管的对接焊接完全在水面以上进行，不需要水下焊接，潜水员水下操作仅限于对平台腿柱上管卡的闭合，水下作业量少，海上施工安装过程短，受海洋水文条件影响小。

④立管与海管对接、吊装就位一次性完成，安装前对平管段敷设路由方位、立管段弯管角度预制、立管与平台甲板的相对位置均应精确控制，避免焊接完成后立管无法安装到位。

3.1.3.4　技术应用情况及效果

埕岛油田经过近 30 年的工程探索，已经熟练掌握了立管吊装安装技术，成功完成了油田 300 多处立管的安装，保障了油田 300 多万吨年产能的油气输送，为油田的发展起到了重要作用。图 3.1.3-5 为立管安装现场施工照片。

3.1.4　通球清管试压技术

3.1.4.1　技术背景

海底管道安装后，投产前，为了保证管道的安全运行，需要进行通球清管以及试压等操作。

通球清管是指采用通球装置对海底管道内壁进

图 3.1.3-5　立管安装施工照片

行清理、检测管道内壁损伤情况;试压是指对管道本体、焊缝等强度及严密性进行压力试验。

3.1.4.2 技术内容

试压采用高压柱塞泵试压,清管采用压风机吹扫。清管时,管线一端安装发球装置,另一端端安装收球装置。

(1)通球

使用标准皮碗清管器通球,通过成功即为该管线通球成功。其中吹扫介质为空气。

首先在管线一端安装好收球装置,另一端将皮碗清管器放入管线,焊接封头并连通压风机。启动压风机从一端开始通球,扫线过程中压风机出口压力不允许超过 0.5 MPa,直至管线扫线到另一端进入收球装置,然后将收球装置后盖打开将球取出,通球完毕。清管器从管线内通过,且管线内无杂物、碎片排出为合格。

(2)管线充水工艺

采用离心泵将水注入管线内,见图 3.1.4-1。

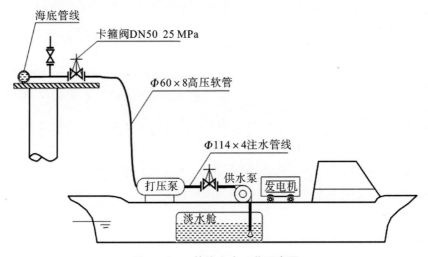

图 3.1.4-1 管线充水工艺示意图

(3)管线用水量计算

$$Q = \pi D^2 L / 4$$

式中,Q 为管线用水量,D 为管线内径,L 为管线总长度。

根据管线用水量公式计算海底管线海上段试压所需水量。

(4)试压要求

在投产运行前,需要对管线进行严密性和压力强度试验。

具体试压压力根据设计文件数据。

试验用压力表已经校验,精度不低于 1.6 级,表的满刻度值为最大被测压力的 1.5～

2.0 倍,压力表不少于两块;气压试验用的温度计,其分刻度值不能超过 1℃。

(5)试压过程

试压过程分为海底管线部分和平台管线部分。

海底管线部分:管道增压期间压力以每分钟最大 0.1 MPa 的速度递增到 95% 的试验压力,最后 5% 试验压力以每分钟低于 0.1% 的速度递增到试验压力。在试验维持其开始之前应留有一定的时间确认温度和压力已稳定。压力稳定后的试验维持期至少为 24 h。如果管道无泄漏,并且试验期间压力在试验压力的 ±0.2% 范围内变化,则试验是可接受的。如果能够证明总的变化(即 ±0.4%)是由温度波动或其他原因造成的,那么再附加试验压力的 ±0.2% 的变化是可以接受的。如果在维持期间产生了大于 ±0.4% 的压力变化,则应延长试验时间到达到一个可接受的压力变化范围。水压试验时,环境温度宜在 5℃ 以上,否则应有防冻措施。

平台管线部分:对于设计压力为 4.0 MPa 的管线,试验过程中,试验压力应该逐步增加到 0.2 MPa(表压),并且保持此压力。如果没有发现渗漏,以大约 0.1 MPa 的级差增高压力,直到最终达到 6.0 MPa。达到强度试验压力后,稳压 4 h。在此期间以压力无下降为合格。严密性试压稳压 8 h,全面检查无渗漏,且压力无下降为合格。水压试验时,环境温度宜在 5℃ 以上,否则应有防冻措施。水压试验合格后,应将系统内的水排净。

3.1.4.3　技术特点

①结合埚岛油田管网运行工况、环境温度条件,对管道弯头的转弯半径、清管球材质、清管球尺寸、通球压力均制定了严格程序,形成了清管防卡堵技术。

②形成了防卡球应急程序,卡球判断标准,卡球位置预测等技术。

③制定了严格的试压程序及试压合格判断标准。

3.2　海底管道防护

3.2.1　水下桩支撑防护技术

3.2.1.1　技术背景

由于埚岛海区海洋环境、浅层工程地质、海底动力条件十分复杂,在强烈的水动力因素与不稳定的海底条件作用下,平台附近海床遭到强烈冲蚀,使平台附近与立管连接的海底管道出现悬空现象。裸露悬空的海底管道很容易在海流及海浪的作用下,产生涡激共振。由于涡激是一种高频载荷,一旦这种振动引起的动应力超过疲劳极限,管线就会在立管底部悬空最严重的部分产生应力集中以至于产生疲劳裂纹,从而造成海管断裂,引发原油外漏等海上重大安全事故,不仅会造成海上污染和重大经济损失,也会产生恶劣的社会影响。

最早治理悬空的措施主要进行抛石、抛沙袋治理,但由于块石和沙袋容易被冲走,治理效果不稳定,且抛石对后续工程也存在不利影响。水下支撑桩防护是在此基础上攻关形成的一种安全、可靠的悬空治理防护措施,目的就是通过机械的支撑控制悬跨的长度,避免涡激共振的产生,达到防止疲劳损伤的产生,能迅速缓解悬空对海底管道立管产生安全隐患。

3.2.1.2　技术内容

通过对海底管道在不同海流、海浪条件下的计算,得到其容许悬跨长度,在管道两侧交错施打水下支撑桩,通过水下支撑桩顶的悬空固定装置将管道固定于桩上,见图3.2.1-1。通过控制支撑桩的间距,缩短管道的自由悬跨长度,避免管道超出临界长度产生涡激振动。

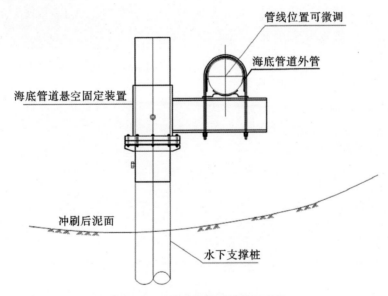

图 3.2.1-1　管道支撑桩防护示意图

(1)临界悬空长度的确定

根据悬空管线涡激振动的形成机理,当海流流经悬空管道时,会在管道后方形成涡旋,当涡旋脱离频率约为管子自振频率的1/3时,悬空管道开始沿流向方向做纵向运动;当水流速度不断加大,其涡流频率与管子自振频率相等时,即发生共振,管子以较大振幅进行横向振动。在计算中考虑控制涡流频率低于管子自振频率的1/3,使管道不发生振动。在此条件下可求得管线的允许悬空长度。将水下支撑桩设置于允许悬空长度以内,即可有效防止管道振动。

（2）水下支撑桩

水下支撑桩采用开口变壁厚钢管桩,根据不同的海床土性质及支撑的海底管道型号,设计入泥 15～25 m 深,直径 Φ500～650 mm。支撑桩承担悬空段管道的自重以及海流、海浪等对管道的水平作用力,自身保持一定的刚度,抑制管道振动发生。

（3）水下固定装置

水下固定装置由法兰支座、旋转套筒、悬臂钢梁以及内置千斤顶组成。水下短桩上预先焊接法兰支座,旋转套筒安装于法兰支座上,悬臂钢梁与旋转套筒焊接为一个整体,可以随套筒绕支座转动,千斤顶能够使悬臂梁上下移动,以调整安装高度。海底管道通过"U"形螺栓固定于悬臂梁上,接触位置设置橡胶垫防止磨损管道防腐层。

图 3.2.1-2 悬空固定装置照片

水下固定装置采用机械轴承构件,安装时可以自由旋转,方便进行上下、左右调节,单个潜水员就可以轻松进行水下安装操作,安装完毕锁紧各部分构件,见图 3.2.1-2。

（4）水下打桩锤

为了解决水下打桩施工,研发了水下打桩用振动锤、替打短节等。

3.2.1.3 技术特点

水下支撑桩防护与抛填沙袋等传统方法相比,方案可靠性高,抗冲刷能力强,支撑效果稳定;对于管线悬空高度适应性强,通过调整加固装置的高度,加固不同高度的悬空管线,施工方便。

自主研发形成了悬空固定装置,并形成了系列型号,适用浅海海底管道多种规格,为海底管道悬空隐患治理提供了新的方案。

3.2.1.4 技术应用情况及效果

水下支撑桩防护技术对于浅海油田海底管道抗冲刷具有很好的适用性,在埕岛油田已推广应用了 30 多条海底管道,对于保护管道立管安全产生了显著效果。另外,经过实际应用与探索,水下支撑桩在海底管道、电缆交叉处理工程中也产生了较好的效果。采用水下支撑桩支撑上部的管缆,可有效保持管缆的间距,防止管缆摩擦损伤等。

3.2.2　仿生水草防护技术

3.2.2.1　技术背景

海底管道悬空治理一直是保障油田安全生产的重要任务,埕岛油田在海底管道悬空治理方面投入了大量人力和物力,在治理方案上不断探索,不断更新治理技术。

早期水下支撑桩防护技术对海底管道的安全起到了重要作用,埕岛油田在短短几年之内就对海底管道立管段的悬空进行了大量的支撑桩防护,确保了管道的安全。但随着时间的推移,实际工程中发现,先期水下支撑桩治理的悬空管道,悬空段进一步加长。分析原因,埕岛油田海区存在持续的大面积区域冲刷,冲刷进一步加剧,引发了悬空的扩展,水下支撑桩防护只是被动防护,没有促淤功能,为了进一步消除隐患,还需要探索新的治理方式。

2006 年,引入了海底仿生水草防冲刷系统,充分利用海区海水高含砂的特点,通过仿生水草的黏滞阻尼作用,降低海流流速,促进泥沙淤积,从而达到悬空治理的效果。

3.2.2.2　技术内容

该技术主要内容包括仿生水草防护机理及适用性研究、仿生水草防护断面设计和仿生水草施工安装

(1)仿生水草防护机理及适用性研究

海底防冲刷保护系统,是基于海洋仿生学原理而开发研制的一种海底防冲刷的高新技术措施,是由采用耐海水浸泡、抗长期冲刷的新型高分子材料加工且符合海洋抗冲刷流体力学原理的仿生水草、仿生水草安装基垫、特殊设计的海底锚固装置,以及专用水下液压工具等组成的。从作用机理来看,当仿生水草及其安装基垫被可靠地锚固在海底需要防止或控制冲刷的预定位置之后,海底水流经过这一片仿生水草时,由于受到仿生水草的柔性黏滞阻尼作用,流速得以降低,减缓了水流对海床的冲刷能力;同时,由于流速的降低和仿生水草的阻碍,促使水流中夹带的泥沙在重力作用下不断地沉积到仿生水草安装基垫上,逐渐形成一个被仿海生物加强了的海底沙洲,从而控制了海底结构物附近海床冲刷的形成。

水下工程实践证明,与海洋工程领域其他常规海底防冲刷措施(如水下抛石、沙包堆垒、混凝土沉排垫等)相比,仿生海底防冲刷技术具有如下特性:

①采用先进的高科技装备和手段,确保了能够有针对性地将仿生防冲刷系统准确地安装到需要保护地海底位置,发挥最佳防冲刷效果。

②仿生防冲刷系统原理先进但结构简单,从而使海上施工所需的辅助船舶和装备尽可能少,而且水下施工作业的时间相当短。

③仿生防冲刷系统安装到位后,几乎立刻便能产生作用,抑制海底冲刷。

④水中淤积的泥沙通过软质基垫与海底结构物接触，不会出现硬性碰撞或损伤。

⑤水中泥沙在沉积过程中，通过柔性仿海生物端部的自然摆动，形成相当密实的泥沙层。

⑥随着时间的延续，在海底逐渐形成由高分子材料加强且完全与海床融合为一体的沙洲，这种海底沙洲的存在不会影响海洋生物的生长，符合海洋环境保护要求。

⑦海上施工费用远低于传统防冲刷措施，而且仅需一次投资，不必后继保养，便可永久解决海底冲刷问题。

（2）仿生水草防护断面设计

针对埕岛油田海区海底大面积区域冲刷的状况，并且导管架附近局部冲刷加剧的特点，采用了仿生水草的典型防护断面，针对悬空、裸露以及埋设较浅的不同情况，并结合施工安装的可行性，分别设计了防护断面，见图 3.2.2-1。一方面考虑在役管道的悬空隐患治理，另一方面对新铺管道设计预防悬空的仿生水草防护方案。

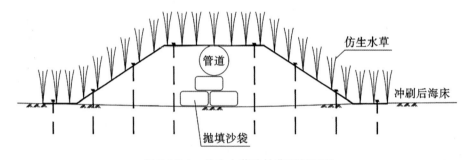

图 3.2.2-1　仿生水草防护典型断面图

（3）仿生水草施工安装

研究开发的仿生海底防冲刷技术是由采用耐海水浸泡、抗长期冲刷的新型高分子材料加工且符合海洋抗冲刷流体力学原理的仿生水草、仿生水草安装基垫、特殊设计的海底锚固装置，以及专用水下液压工具等组成的。

铺设方式：首先将仿生水草安装基垫吊放到海底，然后由潜水员将基垫移动到预定铺设位置，最后用海底锚固装置锚固基垫。

①锚泊定位。

②采用 SCOM-001 水下地貌仪进行水下复勘检测，确定冲刷程度。

③确定施工作业方案。

④潜水员下水，进行海床冲坑的回填、平整。

⑤吊放仿生防冲刷系统。

⑥潜水员先在下游侧锚固仿生基垫，然后往上游侧堆放仿生基垫并依次进行锚固，直至锚固作业完毕。

⑦环绕仿生基垫检查锚固及安装情况，必要时采取相应的补救措施。

⑧拆除仿生防冲刷系统上的保护层。

⑨潜水员离底出水。

⑩船舶移动就位，开始下一轮作业。

3.2.2.3　技术特点

海底仿生技术防冲刷系统采取"疏导"的办法来控制海底冲刷问题。可降低水流速度、促进淤积等，有效控制海底结构物的冲刷问题，并且可以有效防止冲刷范围的扩展，是理想的治理措施。

3.2.2.4　技术应用情况及效果

仿生水草防冲刷防护技术在国内最早由埕岛油田引入，目前在国内多处浅海油田得到了推广。图 3.2.2-2 为导管架仿生防冲刷系统效果示意图，图 3.2.2-3 为海底防冲刷仿生技术原理示意图。

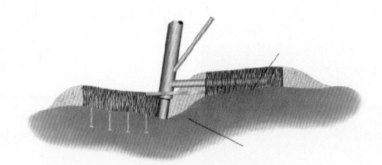

图 3.2.2-2　导管架仿生防冲刷系统效果示意图

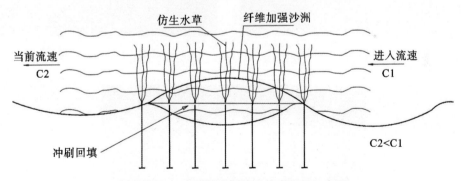

图 3.2.2-3　海底防冲刷仿生技术原理示意图

该方案实施后取得了很好的效果，试点工程实施 1 年后，探摸的资料显示，淤积厚度达 20～50 cm。之后，仿生水草治理在油田海管悬空治理项目中得到了大范围推广。

海底防冲刷仿生技术应用后，会随时间进行沉淀。以下是我国北海某天然气管道悬空治理后的效果。沉淀早期一周内如图 3.2.2-4 所示。经过 1 个多月的沉积，沙丘初步形成,如图 3.2.2-5 所示。沉积 3 个月后,沙丘得到进一步巩固,形成沙坝,如图 3.2.2-6 所示。沉积半年后,只有很短的一段仿生草露在外面,一般是 10 cm,如图 3.2.2-7 所示。沉积一年后,沙坝已经自然延伸形成缓冲和海床融为一体,多年后检查仍没有变化,如图 3.2.2-8 所示。

图 3.2.2-4   沉积早期图

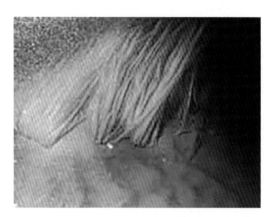

图 3.2.2-5   沉积 1 个月图

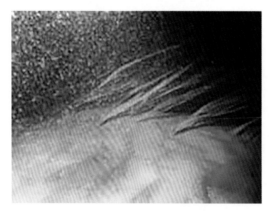

图 3.2.2-6   沉积 3 个月图

图 3.2.2-7   沉积半年图

图 3.2.2-8   沉积一年图

3.2.3 联锁排防护技术

3.2.3.1 技术背景

埕岛油田经过多年的摸索和工程经验积累,先后采用了多种管缆防护措施,防护技术逐渐改进。采用的防护措施包括抛填砂石、水下支撑桩和仿生水草柔性覆盖层等多种方式。然而,针对不同形式的安全隐患类型,这些防护措施各有利弊:水下支撑桩控制长度有限,仿生水草虽然能有效促淤,但防护范围较小造价昂贵,不适用于治理平管段大面积裸露等类型的隐患。

埕岛油田经过近30年的开发后,海区大面积的区域冲刷造成海床面平均下降1 m多,早期铺设的海底管道面临全程裸露的风险,因此,为了控制安全风险,在早期立管悬空治理工程的基础上,开始进行各管道平管段的悬空、裸露治理。由于治理的范围大,需要采取成本低且治理效果稳定的措施。混凝土联锁排防护技术就是在总结以往工程的基础上研发出的一种经济性、适用性良好的防护方案,该方案主要适用于平管段的治理。

3.2.3.2 技术内容

(1)联锁排防护方案

联锁排防护技术是将混凝土预制块通过串联而成的网状结构,图3.2.3-1为混凝土联锁排制造图,并与土工布进行配合使用。发挥各自的优点,土工布覆盖于海床上能够有效减少海底泥沙的流失,而在土工布上方铺设联锁排能对土工布起到固定作用,增加土工布的使用寿命,对海底管道起到保护作用。该种海底管道防护方法工艺比较简单,而且还能够在一定程度上保护海底管道免受抛锚和落物等意外载荷的冲击。

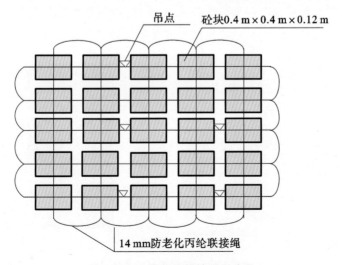

图 3.2.3-1 混凝土联锁排制造图

混凝土联锁排防护技术与传统的抛石相比，具有整体性好、适应床面变形能力强、易于机械化施工和施工质量控制等优点，在内河及河口地区、滩海陆岸油田人工岛及进海路的保滩护底工程中应用成熟，目前已成功推广应用于埕岛油田海底管道悬空裸露防护工程中，图 3.2.3-2 为混凝土联锁排防护示意图。

（2）联锁排防护数值模拟研究

通过调查和资料收集，建立埕岛海底水平管段在位状态数值模型，见图 3.2.3-3，分析其受力状态，为管线安全防护技术研究提供基础；通过理论分析和水槽试验，研

图 3.2.3-2　混凝土联锁排防护示意图

究混凝土联锁排防护技术的适应性，确定混凝土联锁排防护关键技术参数和安全防护结构型式。

针对埕岛油田海底底质、海洋环境特点和服役管线在位状况，开展裸置海底管线在单跨、双等跨、不等跨及连续跨悬跨数值分析，确定管线受力状态和动力特性，为混凝土联锁排防护实施提供理论数据支持。

针对水平管线在海底悬空、裸露等不同的状态，开展安全防护技术研究，总结研究抛石防护、柔性覆盖防护等技术在埕岛油田海底管道防护的应用效果；通过对混凝土联锁排在波浪和水流作用下的受力状态进行分析，建立混凝土联锁排的 CFD 数值模型，得出其抗冲刷机理，探求联锁排防护技术在埕岛油田的适用性，优化联锁排尺寸参数，提高联锁块稳定性，并在排底部创新性加装土工布构造，可以预防混凝土联锁块之间由于局部涡旋导致的底面冲刷，可以满足联锁排的反滤及强度要求等。

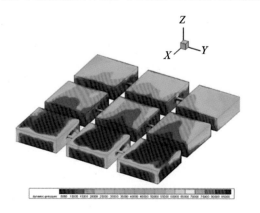
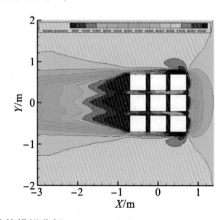

图 3.2.3-3　联锁排数值模拟分析

（3）联锁排防护实验研究

进行混凝土联锁排室内试验（图 3.2.3-4）和现场先导试验，结合数值分析，研究了在 4 m、7 m、10 m 水深条件下波流共同作用时混凝土联锁排对于海底水平管线的防护效果，并与海底水平管线在抛石防护下的防护效果进行对比，深入分析了混凝土联锁排对于海底水平管线防护的适用性，最终确定混凝土联锁排在不同水深、埕岛油田海况条件下的厚度、覆盖范围等性能指标。

图 3.2.3-4　联锁排物理模型试验

（4）联锁排铺设工艺

①根据路由勘察结果对海管裸露及悬空区域进行定位，完成后进行水下勘察，采用设备包括但不限于三维成像声呐、二维实时定点声呐、探摸调查等方式，以确保管线按照设计被覆盖。

②根据路由坐标，定位人员确定联锁排铺设起始点，潜水员携带 USBL 超短基线水下定位系统对海管治理起始坐标精确定位，并沿海管治理路由方位逆行精确打点，定位精度要求误差小于 15 cm。

③拖轮辅助铺排工程船就位，使其垂直于待铺设海管。

④启动主卷扬机释放土工布至活动斜板边缘固定，斜板放置与船舷齐平，停止斜板下放。连续吊放联锁排块到活动斜板上一字排开放在土工布上。

⑤采用涤纶绳或 Φ2 mm 铁丝对两排水泥块间及水泥块与土工布间进行绑扎，具体绑扎部位为水泥块连接绳与加筋带间。

⑥启动主卷扬机释放斜板与船舷成 30°角，开启副卷扬机释放第一联锁排块，活动斜板上的联锁排块在自重的作用下下滑。

⑦当第一块联锁排块运行到固定斜板的边沿时停止，再铺放第二块联锁排块，吊装及绑扎方法同上，开启主卷扬机联锁排继续释放，依次连接绑扎后续联锁排块；同步控制主卷扬机释放土工布的速度与工作船绞锚的速度，避免联锁排在海底的重叠。

3.2.3.3　技术特点

①整体性好,具有很强的海床变形适应能力,有效防止海床的持续进一步冲刷对海底管道产生危害。

②便于机械化施工以及施工质量控制。

③便于大面积管道的安全防护,是大面积整体冲刷海床上裸露、悬空海底管道有效、经济、可靠的安全防护措施。

3.2.3.4　技术应用情况及效果

在我国,混凝土联锁排在内河及河口地区的保滩护底工程中应用成熟,如长江沿岸的护滩工程、长江口深水航道整治的护底工程等。2012年10月成功应用于"海底管道应急治理工程",经半年后检测,联锁排已经被海沙全部掩埋,治理效果显著。

混凝土联锁排防护技术已在埇岛油田得到大面积推广应用,节约了人力、物力成本,消除了安全隐患,保证了管线的正常运行,保护了海洋环境。对确保海底管线的安全运行发挥了重要作用,为埇岛油田的稳步开发意义重大。图3.2.3-5为混凝土联锁排防护海上施工照片。

图 3.2.3-5　混凝土联锁排防护海上施工照片

3.2.4　挖沟防护技术

3.2.4.1　技术背景

海底管道在敷设后,为了保证其稳定性和安全性,一般要进行埋设,特别是浅海海域,海底管道受环境因素的影响要多于深海管道,如受海流海浪的影响、海床土液化影响、海床冲刷悬空影响、船舶抛锚及坠物影响等。海底管道埋设的方法,主要有预挖沟埋设法和后挖沟埋设法两种。根据管道负浮力相对于海底表层土相适应的情况,可以采用自沉法,这时管道靠自身重量沉入海底土中保持稳定性。预挖沟是在管道敷设前,沿设计路由预先挖出沟槽,管道直接铺在沟底,再进行回填或回淤的施工方法。后挖沟则是在管道敷设后,挖沟机沿管道进行挖沟,一般是一边挖管道一边下沉,直至达到设计埋深。

埕岛油田位于老黄河口附近 2~25 m 水深的水下黄河三角洲前缘,特殊的地理位置决定了其海况特征、浅层地质条件等都十分复杂。形成大面积区域冲刷,再加上平台引起的局部冲刷,造成大量海底管道出现悬空、裸露,严重威胁海底管道的安全运行。根据多年来的探摸报告,平台附近海底管道立管根部广泛存在一定范围的冲刷坑,冲刷深度 0~3 m,冲刷半径为 30 m 左右,造成了立管的悬空隐患。为消除管缆隐患,海底管缆采用预挖沟埋设和后挖沟埋设结合,路由中间段(平管段)采用后挖沟技术,登陆段或近平台段采用预挖沟技术。

3.2.4.2 技术内容

埕岛油田经过近 30 年的开发建设,已经具备成熟的挖沟埋管技术。主要技术内容包括近岸段预挖沟、近平台端预挖沟、平管段后挖沟等。

(1)近岸段预挖沟

登陆管缆近岸段,受海浪、海流影响大,在冲刷状况下易出现裸露、悬空;区域内水深较浅,后挖沟施工机具无法施工,因此采用预挖沟工艺进行施工。预挖沟边坡根据不同海床土壤取值不同,一般不小于 1∶3。预挖沟内铺设管缆,并在管缆上抛填粗砂、碎石等,满足管缆防护要求,典型预挖沟防护断面见图 3.2.4-1。

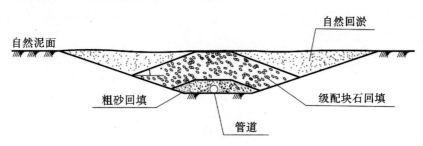

图 3.2.4-1 近岸段预挖沟防护断面

(2)近平台端预挖沟

由于受到平台、挖沟机喷冲区域影响,立管端附近有一段后挖沟盲区,一般为 50~60 m。常用的挖沟装备,如挖泥船、挖沟犁也不能使用。因此,研制出可以用于平台附近的竖向非接触式挖沟机如图 3.2.4-2 所示。挖沟机采用喷冲破土原理,利用高压多级离心泵产生高扬程大流量的强大水柱进行冲泥,冲刷出的泥浆通过气举排浆,由空压机供气,高压多级离心泵自返浆管排出,冲刷出有效深度和宽度的点式冲坑,达到设计深度时,沿管道路由方向移动挖沟机,点式冲坑连接成型,完成沿路由方向冲坑。竖向非接触挖沟机作业示意图如图 3.2.4-3 所示。

图 3.2.4-2　竖向非接触式挖沟机

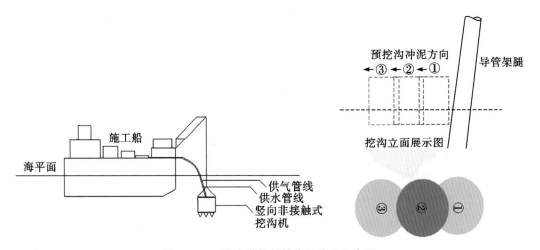

图 3.2.4-3　竖向非接触挖沟机作业示意图

　　预挖沟机适用水深为 5~30 m,适用平台根部及海底条件复杂区域;预挖沟机最大冲泥深度为 7 m;一次成沟宽度为 4 m;定位精度为 20 cm;后挖沟埋深一般为 1.5~2.0 m。

　　(3)平管段后挖沟

　　海底管道平管段敷设于平坦海床,一般采用后挖沟技术进行管线埋管,由船舶拖带后挖沟机沿已铺设管道进行挖沟作业,后挖沟机一般采用高压喷水原理,使管道下方土体液化,管道在自身重量条件下逐渐下沉,根据管径及海床土质不同,通过计算,可以分一遍或多遍挖沟,管道最终达到设计埋深。后挖沟断面见图 3.2.4-4。

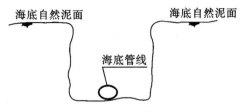

图 3.2.4-4　后挖沟断面示意图

（4）挖沟技术施工程序

①施工海域调查。

在施工前，根据最新海图并结合业主提供的原始海底管缆路由资料，调查施工区域海底管缆的实际路由及状况，施工区域内是否存在障碍物等影响施工的因素。

②施工前的准备。

（A）准备详细的施工船舶布锚方案，绘制详细的管线路由施工布锚图。

（B）施工前对待施工海管的就位情况沿管线方向进行详细调查了解，清理海管两侧的废弃物、施工垃圾及其他障碍物。

③海上施工。

（A）拖航到待挖沟沉管海域，按照事先预定的步锚图进行抛锚就位，如图3.2.4-5所示。

（B）在GPS引导下，挖沟船通过绞锚到达挖沟起始点，锚机启动刹车装置，固定船舶位置，使驳载体纵向中心线与海底管线中心线平行并停于水下管线正上方位置。

（C）吊装挖沟机进行水下寻管作业。利用成像声呐寻找泥面管线位置，必要时可通过调整挖沟船边锚适当移动船舶位置。根据彩色图像声呐的"剖面状态"得到管线的两个剖面，观察到管线剖面纵向轴线与挖沟机前后声呐头轴中心线重合后，将挖沟机骑到管线上。

（D）开启设备进行挖沟作业，启动高压射水泵、空压机等辅助设备开始挖沟作业。

（E）挖沟作业。总控室发出前进信号，前锚机绞锚绳，后锚机连续放绳，挖沟船通过绞锚形式牵引绳前移拖动水下挖沟机沿管线行走挖沟，如图3.2.4-6～3.2.4-8所示。

（F）收工返航。当挖沟作业进行至挖沟设计终点坐标时，设备回收至船舶甲板，停止挖沟工作。

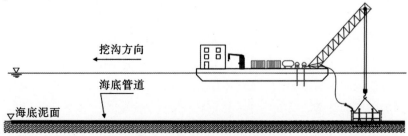

图 3.2.4-5　挖沟机就位示意图

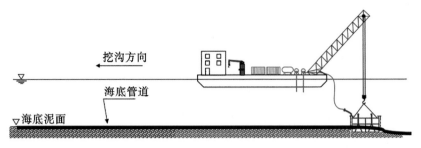

图 3.2.4-6   挖沟沉降示意图

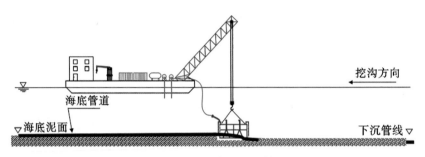

图 3.2.4-7   挖沟沉降示意图

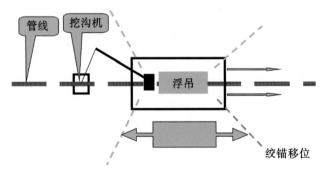

图 3.2.4-8   挖沟行进示意图

3.2.4.3   技术特点

近平台端预挖沟技术：采用点式挖沟，挖沟冲泥动作灵活，由于挖沟机与海床零接触，避免对已建构筑物产生损害，适用于近平台端及复杂施工环境。预挖沟机上设置有超短基线定位系统（USBL）及 3D Coda 高精度定位系统，可以实现预挖沟精确定位，精度达到 20 cm。预挖沟过程全程可视化实时监控，方便施工控制。

平管段后挖沟技术具有高效、安全环保、成本低、治理效果好等优点，是海底管道敷设后应用最为广泛的技术。

3.2.4.4　技术应用情况及效果

挖沟技术在埕岛油田海底管道工程得到了充分应用,满足了管缆在登陆段、平管段、平台附近立管段的技术要求,其治理效果符合海底管道的埋管要求及安全技术条件。研发形成的新型预挖沟技术,目前已经成功应用于立管根部的预挖沟施工,降低了平台根部海底管道的标高,实现海管预挖沟埋管作业,提高了整体管线安全防护等级。

3.2.5　管缆交叉防护技术

3.2.5.1　技术背景

埕岛油田建成了年产300多万吨的中大型油田,输油、输气、注水管线铺设海底管线200余条、海底电缆200余条。这些管线电缆在海底纵横交错,密密麻麻,构成了复杂的海底管网系统。这个管网系统肩负着埕岛油田原油外输及油田注水的重要使命。

复杂的海底管网也为油田后期的发展带来一些问题,出现了大量的管线电缆交叉现象等。为了确保管缆安全,油田开发过程中,根据管缆交叉的不同实际情况,逐渐形成了多种管缆交叉处理技术,包括抛填沙袋、增设管缆交叉装置、水下桩支撑、电缆橡胶保护管等。

3.2.5.2　技术内容

海底管缆在路由布设过程中尽可能避免交叉,减少安全隐患。实在无法避免时,就必须满足交叉点处上下管缆间净距至少300 mm。由于管缆布设现场情况不同,所采取的措施也不完全相同。

(1)抛填沙袋处理

抛填沙袋处理是最常用的方式。该方案首先在交叉位置处的已建管线(电缆)上抛埋一定范围的沙袋,使新老管线保证不小于300 mm的间隔,然后在沙袋上方铺设新管线,并在新管线上方抛埋一定范围的沙袋,以防止管线的裸露和悬空出现。根据交叉处理海区底层海流速度确定沙袋最小重量,埕岛海域沙袋重量一般不小于60 kg。经过多年的设计、施工总结,形成了抛填沙袋处理交叉的典型方案。图 3.2.5-1 为管缆交叉抛沙处理典型断面图。

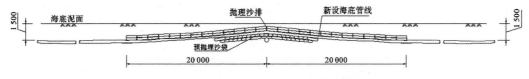

图 3.2.5-1　管缆交叉抛沙处理典型断面图

（2）管缆交叉防护装置

为了有效保持管缆交叉处上下的净距，研制出管缆交叉防护装置，使管线在交叉点达到机械隔离防护。该防护装置由橡胶及钢板组合而成，具备一定的表面柔性和整体刚性，有效减小交叉点管线的磨损实现隔离防护，装置具有一定的长度，确保安装时的定位偏差。交叉防护装置在安装时还需要辅助抛填沙袋防护，防止管缆交叉处理范围内出现管道悬空。图 3.2.5-2 为交叉装置防护典型布置图。

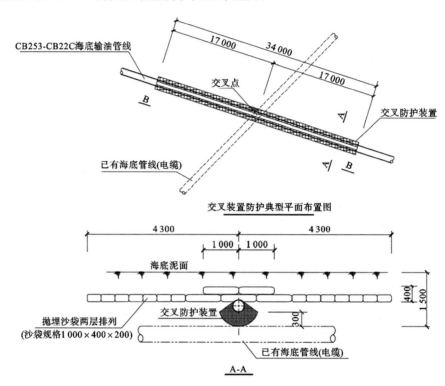

图 3.2.5-2　交叉装置防护典型立面布置图

（3）水下桩支撑

为了防止新管线对老管线的压迫，在交叉点处，打水下支撑桩，依靠水下固定装置将新管线托住，一方面使两条管线达到最少 300 mm 的间隔要求，另一方面，有效避免对老管线的压迫，见图 3.2.5-3。

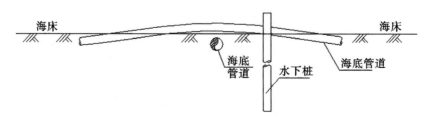

图 3.2.5-3　水下桩防护典型布置图

（4）电缆保护胶管

对于海管与电缆在平台处交叉，采用电缆橡胶保护装置对电缆进行保护，即采用带切口的橡胶套对交叉处的电缆进行防护，避免电缆在登平台处与海管导管架之间的摩擦对电缆造成损坏，图 3.2.5-4 为电缆橡胶保护管断面图。

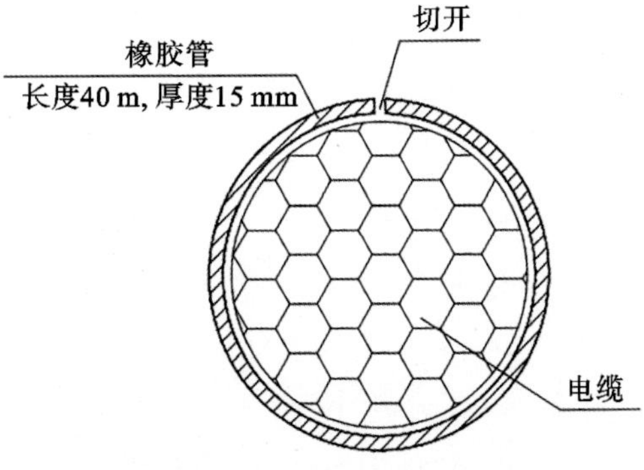

图 3.2.5-4　电缆保护胶管断面图

3.2.5.3　技术特点

几种交叉防护方案均是根据埕岛油田特殊的工程条件研发而出的，适用于浅海海区、冲刷悬空严重情况，在新、老管线交叉处理方面均可采用。抛填沙袋是国内外最常用的交叉处理方式，水下支撑桩防护、交叉防护装置以及电缆橡胶保护管防护均为油田开发过程中独创技术，已形成了系列型号，适用浅海海底管道多种规格，为海底管道悬空隐患治理提供了新的方案。应用前景广阔。

3.3　海底电缆

3.3.1　海底电缆敷设技术

3.3.1.1　技术背景

埕岛油田位于渤海湾南部的浅海区域，经过多年的建设，已建成 100 多座平台，在平台之间大多都采用海底电缆作为电力传输连接线，至今埕岛油田已建海底电缆 200 余条，敷设海底电缆规格从 6/10 kV 3×70 mm² 至 26/35 kV 3×185 mm² 多种规格，单条海底电缆敷设长度从几百米至 16 km 不等。在油田开发之初，海底电缆直接敷设在海底海床上，部分海底电缆未进行埋设，敷设路由偏差大，这给海底电缆日后运行造成较大的隐患。目前，该海域的平台采油已进入高速增长的阶段，产油量呈跳跃式递增状态，而海底电缆作为平台之间动力的命脉也显得更为重要。因此，海底电缆敷设施工工艺技术的应用为平台间海底电缆敷设提供了根本保证。

3.3.1.2　技术内容

（1）海底电缆主要敷设施工装备

海底电缆敷设设备有埋设机系统（包括水泵机组）、布缆机、退扭架、船舶牵引卷扬机及发电设备等组成。以下针对海底电缆敷设的主要设备进行逐一介绍。

①海底电缆埋设机系统。

海底电缆埋设机系统包含埋设机(图3.3.1-1)及配套多级离心水泵机组(图3.3.1-2)。

埋设机采用滑橇支撑、水力喷冲的犁体结构;水泵机组由柴油发动机与多级离心水泵组成,可为埋设机提供高压水。

埋设机系统技术指标:电缆敷设直径200 mm;最大埋深3.0 m;工作水压力最大2.4 MPa;泵扬程269 m,泵流量150 m³/h;主要适用于工作水深2～30 m的滩浅海,海底表层为砂土及黏土的海床。

图 3.3.1-1　海底电缆埋设机　　　　　　　图 3.3.1-2　多级离心水泵机组

②海底电缆牵引机。

海底电缆牵引机(图3.3.1-3),其主要技术指标:最大拉力10 t;牵引海底电缆直径200 mm。

③海底电缆退扭架。

海底电缆退扭架(图3.3.1-4),其主要技术指标:退扭电缆直径200 mm;最大退扭高度15 m。

图 3.3.1-3　海底电缆牵引机　　　　　　　图 3.3.1-4　海底电缆退扭架

(3)施工方法

目前在埕岛海区的海底电缆施工主要采用预敷的牵引钢缆带动工作船进行移船并

利用水力埋设机敷设海底电缆方式。敷设海底电缆的速度由工作船主卷扬机控制,海底电缆的路由轨迹由 GPS 系统跟踪。水力埋设机冲埋敷设是利用水力埋设机犁体自重及水力冲击进行电缆冲沟,同时海底电缆由水力埋设机犁体通道送出的边敷设边埋深的方式,这种形式较适合海底表层内为淤泥质粉质黏土及粉砂,局部有硬质黏土(铁板砂)的特点,并且这种施工简便灵活适应施工海域海底电缆复杂的特点。图 3.3.1-5 为埋设机由母船拖拽前进示意图。

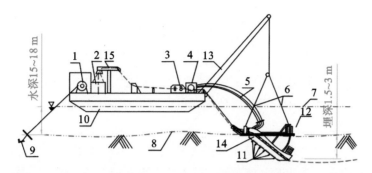

1 牵引卷扬机　2 电缆盘　3 布缆机　4 水泵　5 输水管　6 钢丝绳　7 水面　8 海床面
9 牵引锚　10 敷缆船　11 各喷嘴射水冲沟　12 电缆　13 吊臂　14 埋设机　15 退扭架

图 3.3.1-5　埋设机由母船拖拽前进

3.3.1.3　技术特点

通过采用一次性敷设牵引钢缆施工工艺,减少船舶抛锚次数,提高了施工敷设效率。采用埋设机检测系统实时监测海底电缆埋深;采用 GPS 定位系统实时检测海底电缆路由,同时与设计路由进行比对,提高了海底电缆施工路由敷设的准确性。

3.3.1.4　技术应用情况及效果

埕岛油田已经成功敷设了 200 余条多种规格的海底专用电缆,逐渐积累起了丰富的专业施工经验,在为海上油田生产提供不竭动力。

3.3.2　船舶牵引与路由定位技术

海底电缆敷设技术是一项复杂的工程技术,其牵涉的专业技术众多,其中船舶的牵引及路由定位技术是海底电缆敷设工艺技术中较重要的组成部分,对海底电缆敷设的质量及安全至关重要。

3.3.2.1　技术内容

(1)船舶施工牵引的方式及优缺点
目前主要采用三种方式进行海底电缆施工:一是采用施工船沿途抛锚定位船舶,通过边收前进锚及收放其余控制船位锚同时边敷设海底电缆的方式,这种方式的优点是船舶在牵引运行中比较容易控制,海底电缆路由偏差较小。二是采用施工前,在终端平台(或施工终点)事先抛一牵引主锚之后将与其连接的钢缆沿海底电缆设计路由敷设至始端平台(或施工起点)与施工船上收绞卷扬机连接,之后施工船由始端向终端展开后续海底电缆敷设,这种方式优点在于施工效率较高,沿途抛锚少,对已建管缆影响小,缺点是施工船在海况差时,船舶控制难度大,路由偏差较大。三是采用DP(动力定位)船舶进行海底电缆敷设施工,施工中该船不用抛锚,对已建管缆无影响,施工效率高。但这种船舶技术先进、投资比较高,在国内只有少数公司拥有。

埕岛油田施工区域已建管缆众多及船舶资源限制,多采用上述第二种方式进行敷设,即一次性抛投牵引锚,敷设牵引钢缆,减少沿途抛锚次数的方式来进行施工。主要是防止对已建管缆的伤害及在有限的气象海况窗口期提高施工效率。

（2）船舶定位技术

船舶定位技术对海底电缆的路由跟踪是确保海底电缆正确敷设在设计规定的路由上的根本保证。目前船舶定位技术手段,主要是采用GPS(即全球定位系统),该技术是目前国际上较先进的定位技术,定位精度较高。

该技术利用通信卫星实时跟踪船舶的位置信息,通过船舶的位置跟踪,掌握施工冲沟设备的相对位置,通过设备的位置信息与设计路由进行比对,确定海底电缆路由敷设的位置及精度,并且可实时记录设备位置信息。根据路由跟踪的情况,可以实时调整船舶的位置确保海底电缆正确敷设在设计规定的路由上。图3.3.2-1为海底电缆路由跟踪画面。图3.3.2-2为定位技术使用的专业设备。

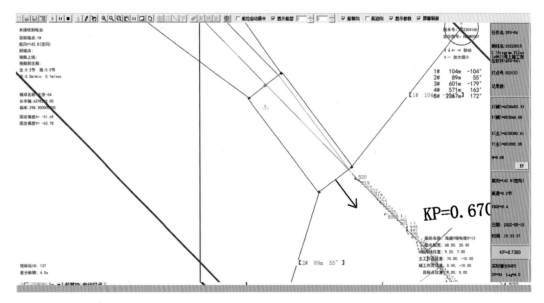

图 3.3.2-1　海底电缆路由跟踪画面

3.3.2.2 技术特点

①通过采用一次性敷设牵引钢缆施工工艺,减少船舶抛锚次数,提高了施工敷设效率,尤其是针对长距离敷设有更加明显的优势。

②采用GPS定位系统实时检测海底电缆路由,同时与设计路由进行比对,判断海底电缆施工路由敷设的准确性。

图 3.3.2-2　定位技术使用的专业设备

3.3.3　近平台端电缆防护技术

3.3.3.1　技术背景

由于埕岛油田地处黄河口滩海交界地带,场区海洋动力、浅层工程地质、海底动力地貌条件十分复杂,造成该海区大面积区域冲刷,特别是在平台附近,由于平台等构筑物存在,海床冲刷更为明显,海底电缆悬空、裸露现象普遍,导致电缆护管开裂甚至脱落、电缆晃动磨损等安全隐患,严重危害到埕岛油田的产能建设及生产安全。海底电缆一旦发生故障会造成大面积的停电,影响油井正常生产,带来高昂的直接、间接经济损失。

在近平台处新建海底电缆防护方面,国内外主要采用以下几种防护方式:电缆自身外防护、J/I型护管保护、弯曲限制器、海底电缆柔性保护管等。但这些防护方式,均无法避免电缆的悬空、裸露,为了保证平台正常生产,解决电缆维修频繁的问题,需要研发一种稳定可靠的电缆防护技术。

3.3.3.2　技术内容

针对海底电缆存在的电缆悬空、电缆磨损、护管脱落等安全隐患,调查统计以往电缆损坏的因素,分析防止措施,结合目前施工装备状况,开展海上近平台端海底电缆护管防护技术研究,从设计源头入手,研发出新型海底电缆近平台端防护结构,保护海底电缆的安全运行。

(1)埕岛油田海底电缆损伤原因

通过整理现场海底电缆隐患的情况,以及进行电缆的理论分析,得出电缆损伤的主要原因是立管部分的悬空裸露,引起电缆近平台端张紧、水下旋转接头脱落、管线与电缆交叉磨损等情况。在这些情况下,电缆会直接承受海洋环境荷载的作用,产生晃动、摩擦等引起损伤;另一方面,悬空的海底电缆在海流作用下产生涡激振动,导致疲劳损坏。再有,裸露的电缆,很容易受到人为因素,包括船舶拖锚、平台落物等的直接作用而破坏。

（2）新型沉桩式电缆护管

研发出的新型沉桩式电缆护管,底部采用桩基固定、水面上与导管架腿柱焊接、水面以下通过水下管卡与导管架腿柱连接,电缆护管由原来的直径 273 mm 改进为 500 mm,以增强刚度,电缆于冲刷后泥面以下 1 m 位置处进入护管直至登上平台。施工方式上,新型沉桩桩基结构桩基顶部通过杆件与导管架主体焊接固定,海底电缆通过新型沉桩桩基结构登陆至平台配电室。从根本上解决了电缆护管脱落、电缆悬空、电缆磨损等安全隐患,从而保护近平台端海底电缆的安全。

（3）研发出适用于埕岛海区的钻冲沉桩施工装置

通过国内外技术调研、总结,结合埕岛海上工程特点,研发出钻冲沉桩技术,采用气动马达钻孔,辅助水力喷冲的技术原理,适用于砂质海床土条件,能够较好适应埕岛油田海底铁板砂海床,解决工程出现的实际难题。

钻冲沉桩装置主要由气动马达提供钻孔动力、水力喷冲装置辅助破土两部分组成。气动马达驱动钻孔装置进行沉桩位置泥面切削,水力喷冲装置将切削的泥土液化,最终实现钻冲破土,完成桩管下部泥土清理。采用吊装控制桩管的下沉,实现钻冲沉桩速度可控、可调,最终完成沉桩作业。

（4）形成配套的钻冲沉桩施工工艺

收集整理国内外有关文献资料,结合我国实际情况以及相关经验和技术,利用水动力学和流固耦合等相关理论分析冲钻形成的孔或者冲刷坑的形状及其可能的运动规律和泥浆的运动规律;并基于 ANSYS 的 CFD 计算流体力学模块和 Fluent 中的混合物两相流模型,对钻冲沉桩施工装置进行泥水两相流数值模拟;研发形成了钻冲沉桩施工工艺。

（5）施工工艺

近平台端电缆防护技术采用"挖沟冲泥＋护管安装"方式进行护管埋设入泥 1 m 施工,使用船舶搭载挖沟冲泥设备对电缆护管下方及铺设路由方向提前预冲沟长 20 m,深1.5 m,再将护管就位水下埋泥 1 m,水下段护管采用抱卡方式固定于导管架。

挖沟冲泥:保证电缆护管底部弯管段埋入冲刷后的泥面 1 m 深度,由弯管口向外延伸冲泥长度不小于 20 m,深度约 1.5 m,确保电缆安装过程中满足海底电缆贯入的弯曲半径。另外,为了确保海底电缆防护质量和海底电缆护管口时能够顺利贯入,海底电缆牵引进入护管后,护管口坑内海底电缆经过土体的自然回淤被覆盖在泥面以下或填砂进行防护达到海底电缆埋深稳固的目的。

护管安装:利用浮吊船将海底电缆护管就位于待安装平台桩腿处,潜水员水下将"J"形海底电缆护管路由沟摆正弯管方位,水面上焊接连接横撑后,水下安装电缆护管抱卡固定于平台桩腿上进一步固定。

3.3.3.3　技术特点

①钻冲沉桩式新型电缆护管结构,利用了桩基的稳定性和抗冲刷的能力,提高了电缆护管对电缆的保护作用。

②钻冲沉桩装置,充分利用钻进式和喷冲式两种沉桩技术,提高对不同海床土的适应性,较好适应埕岛油田海床表面坚硬的铁板砂特点,对于黏性土也同样适用。

③电缆护管将钻冲沉桩工艺与电缆保护功能结合于一体,增强了电缆护管的稳定性,提高了抗冲刷能力。

4　平台、管缆运维

4.1　平台、管缆检测

4.1.1　平台导管架应力检测技术

4.1.1.1　技术背景

作为海上石油资源开发的大型基础设施,海洋平台是海上生产作业和生活的基地。平台承受包括风、波浪、潮汐、海流、地震等复杂的环境的日常冲击。现有较多处于后服役期以及超期服役的平台,为了保障这些平台的安全,需要对平台实施应力检测,采集在操作条件和极端环境条件时的应变数据,借助于实测数据和理论计算,对现役平台结构评估,为平台全生命周期结构完整性管理提供技术依据。

4.1.1.2　技术内容

在实际的工程应用中多数场合都需要进行多点检测,如石油管网、轨道交通和建筑桥梁等。如果对每个点进行独立检测,将会产生较高的经济成本,因此,引入光纤光栅的复用技术将会极大地提升多点检测的效率。

(1)光纤光栅技术

光纤光栅技术主要包括空分复用(SDM)、波分复用(WDM)、时分复用(TDM)以及它们的联合运用。

空分复用是将空间按一定规则和方式切割为不同信道的一种方法。在光纤光栅传感领域的实现方法是利用并行的拓扑结构,通过调节光控制开关,将光栅按传输信道的不同在空间上进行编码构成多维度的传感感测网络结构。

波分复用是将多个光纤光栅串联且使用同一个宽带光源,多个不同的反射信号将会由同一通道回到解调仪器,因此串联的所有光栅波长都应该确保在宽带光源的光谱范围内被覆盖,且要保证所串联的不同光栅的中心波长不相互重叠,以避免码间相互干扰以保持较高的信噪比。也正因如此,波分复用在实际的传感应用中是最常用的技术。

时分复用同样是多路信号共用同一信道且不同信号占用不同的时间段的一种传输方法,这种方法的应用前提主要为确保信号之间不会相互干扰。光源选用脉冲宽度要求小于相邻两光纤光栅的传输时长的脉冲光源,脉冲光源信号在经过串接在同一光纤上的不同位置的光栅传感器时,由各光栅反射进入解调装置的光波的光程会产生一定的差异,进而解调系统会检测到多个脉冲光信号,依据各信号的时延差异即可确定各光栅传感器的位置。时分复用不受带宽限制,相对另外两种方式有更大的复用容量。

光纤光栅传感器(Fiber Grating Sensor,图 4.1.1-1)属于光纤传感器的一种,基于光纤光栅的传感过程是通过外界物理参量对光纤布拉格(Bragg)波长的调制来获取传感信息,是一种波长调制型光纤传感器。使用 Bragg 光纤光栅传感器,应用合理方案,能够测得应变时程数据,绘制出应变时程曲线图、统计规律以及不同应变率的对比。

图 4.1.1-1 光纤光栅传感器

(2)应力检测方案

根据测得的应变时程数据,进而反推结构所受荷载及应力的分布情况;对结构极限强度进行评估。在役固定平台不满足设计水平下的强度要求时,可进行平台极限强度分析;平台结构延寿评估需要整理确认平台从设计到当前服役阶段的数据,评估结构在设计条件下的应力应变状态、极限能力以及剩余疲劳寿命。

①主要工作:

(A)收集平台结构信息,包括工程阶段、改造历史、检验评估记录等;

(B)根据收集到的资料评估平台结构目前的客观状态;

(C)参考相关的设计规范标准分析结构能力,包括强度、疲劳、地震等;

(D)根据实测应力应变等数据进行如受损杆件评估、裂纹扩展评估等;

(E)更新检验维护计划,结合评估结果制定后续结构检测计划。

②剩余寿命与疲劳分析:

若节点寿命较低将给平台延期服役带来风险。疲劳寿命低的节点如果有 NDT(无损检测)检验并确认没有发现裂纹,可以采用 RBI 分析技术(基于风险的检验)进行定量分析,根据测得的时程应变数据,重新计算节点的疲劳失效概率,如图 4.1.1-2 所示,并通过持续的无损检测进行确认。

4.1.1.3 技术特点

光纤光栅应变测量方法易实现复用、耐腐蚀、电绝缘性能好、体积小、重量轻,适合复杂环境的测试。设备安装前需封装,最适合水下钢结构的表面应变的测量。

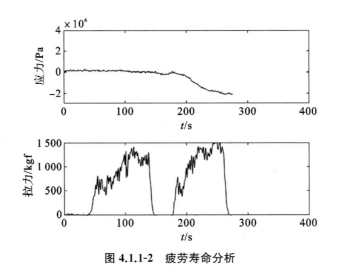

图 4.1.1-2　疲劳寿命分析

4.1.2　海底裸露管道三维外检测技术

4.1.2.1　技术背景

目前对水工建筑物或水下结构的无损检测方法基本分为两类:其一,利用光学原理,包括潜水员目测、水下机器人摄像、三维激光检测等,其中,水下目视检测方法是利用目力、水下照相或录像等进行检测的方法,其检测结果依赖于相机的成像效果及潜水员的业务素质,且存在一定的安全风险。水下激光成像方法是利用激光对水下建筑物进行扫描成像分析的检测方法,因激光在水中产生严重散射且能量损耗很大,检测的范围较小、成像质量较差;其二,利用声学原理,主要为声呐检测,包括二维侧扫声呐、二维多波束声呐、三维多波束声呐等。多波束是近年发展的一种探测新技术,具有高效率、高精度、高分辨率、全覆盖的明显特点。3D声呐系统,采用革命性创新的"面状"波束发射与采集方式,增强抗水流干扰能力,增加障碍物遮挡后方的采集数据,并实现实时观测功能,有效地解决海堤无损检测方面的空白,为其安全评价提供数据支持。

4.1.2.2　技术内容

声成像技术是利用声波作为信息传递的载体,以各类声学仪器为成像设备的计算机图像显示及分析技术。其工作原理是利用主动发声设备发射声波,再由接收器接收声波,所接收的声波中便会携带空间中物体的信息,通过计算机处理便可以形成一维或多维图像并通过计算机显示设备将其显示出来,使人们根据图像对事件做出迅速而正确的反映。

三维成像声呐是指能够获得距离、水平、垂直三维空间的目标信息。由于难度较大,市场需求量小,目前世界上仅有少数国家开展了水下三维声成像系统的研究。其技术路线主要为两种：一种是采用一维线阵，通过其机械平移合成二维面阵，将机械扫描各位置获取的二维数据用计算机合成三维图像；第二种是直接采用二维面阵，从而在水平、垂直、距离三个方向上直接获得分辨率，通常是先形成二维序列图像，然后进行计算机三维合成。

3D声呐系统主要包括硬件和软件等两部分，其中：硬件部分主要由声呐系统、云台系统和惯性导航系统等3个模块组成，通过声呐系统实时获取海底或水下构筑物的三维信息，通过云台系统调节声呐扫描的角度和方向，通过惯性导航系统获取船舶实时的位置和姿态；软件部分主要用于对采集数据的后处理，包括校准修正、点云去噪、点云建模输出、三维信息测量等功能。声呐探头和云台系统通过专用电缆连接到甲板单元上，由甲板单元控制声呐探头的工作频率、云台的姿态。惯性导航系统通过专用电缆与甲板单元连接，为整个系统提供船舶的实时姿态和航向数据。3D声呐系统整体连接示意图见图4.1.2-1。

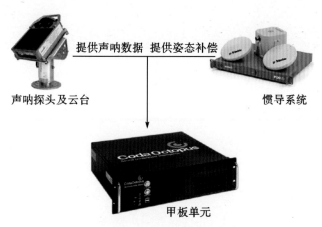

图4.1.2-1　3D声呐系统连接示意图

3D声呐系统是一种高分辨率的实时三维声呐系统，可输出全三维的模型数据。系统可同时发射16 384个波束，三维模型数据在1 s内可刷新12次，能够以稳定的帧频实时地观察移动物体，是执行水下观察任务的理想工具之一。水下三维声呐系统的波束通过变换角度和方向可100%覆盖水下目标物，进而获取高清晰、高分辨率的水下数据。系统采用旋转三维面阵方式，直接获取目标物外形轮廓的水平(X)、垂直(Y)、高度(Z)等3个方向的数据。系统具有实时决策、精度高、分辨率高等特点，利用旋转云台可从横向、纵向2个方向同时对目标进行扫测。

4.1.2.3　技术特点

3D声呐系统获取的三维影像具有直观清晰、信息全面、数据丰富等特点。通过影像数据可清晰直观判断设备设施存在的安全隐患，并且能够提供精准的坐标数据及三维姿态信息。如图4.1.2-2和图4.1.2-3所示。

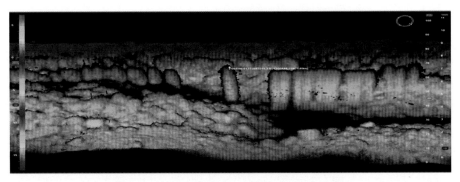

图 4.1.2-2　3D 声呐系统实时输出目标物示例图

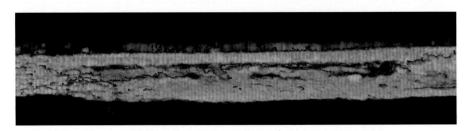

图 4.1.2-3　海管悬空示例图

4.1.3　海底埋设管道检测技术

4.1.3.1　技术背景

海底管道是海上油气田开发生产系统的主要组成部分,是连接油井与平台及平台与陆上储运设施的油气输送工具,而海底埋设管道检验检测决定着海底管道的结构安全性和使用寿命。但水下情况的复杂性及局限性,对海底埋设管道检验检测技术的先进性要求也相对较高。

检测技术主要包括干涉侧扫声呐技术、多波束测深声呐技术及合成孔径声呐技术等。

4.1.3.2　技术内容

多波束合成孔径技术是一种将多波束测深技术和合成孔径技术相结合的新型水下目标成像技术,通过载体运动在航迹向上虚拟合成较大的基阵孔径,既可以在航迹向上获取较高的分辨率,用于对地形地貌的全覆盖测量,还可以在距离向上通过波束形成确定目标所处方位,最终可以精确地测量出目标的深度信息,对目标进行三维成像。多波束合成孔径技术,紧随着多波束测深技术和合成孔径技术的发展,结合二者技术优势,实现水下目标的精细探测。

多波束测深声呐的基阵排布方式一般为接收阵元沿距离向依次直线排布,合成孔径声呐的收发阵元一般为沿着航迹向直线排列。为了解决侧扫式合成孔径声呐的不足,融合了合成孔径声呐和多波束测深声呐的基本模型提出了一种多波束合成孔径声呐测量模型,能够一次性地完成测绘区的全覆盖测绘,不需要额外进行补隙,同时多波束合成孔径声呐能够通过距离向的波束形成,得到目标回波方向,从而解算出目标的深度,形成一种三维成像声呐,基本模型如图 4.1.3-1 所示。多波束合成孔径声呐与多波束测深声呐的最大区别是前者的发射波束沿航迹向的开角很大,这样在航迹向的不同位置波束会多次照射到目标,从而可以通过合成孔径提高航迹向的分辨能力。

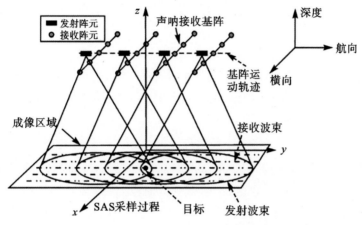

图 4.1.3-1　合成孔径声呐工作原理图

4.1.3.3　技术特点

采用合成孔径声呐对海底进行声学 CT 切片,穿透力强,分辨率高,泥下海底管道状态可连续、实时显示,数据收集处理后可发现细微特征,成像分辨力达到厘米级,探测海底掩埋管缆等目标深度可达 20 m。

合成孔径声呐是一种高分辨率水下成像技术。该技术是基于小孔径基阵及其运动形成等效的大孔径,通过合成的大孔径波束形成过程,实现高分辨率成像,如图 4.1.3-2 所示。

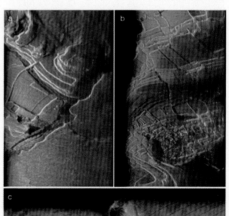

图 4.1.3-2　某区域高频地貌精细成像图

4.1.4　海底管道原位疲劳检测技术

4.1.4.1　技术背景

现代黄河三角洲于 1855 年开始形成,海底沉积物固结时间较短,浅层地质年轻。近几十年来,河口地区的径流量急剧下降,泥沙来源急剧减少,在波浪、风暴潮等水文动力外荷载作用下,海底侵蚀剥蚀严重,以粉土为主的海底土体易于液化,同时伴生了多种灾害地质现象。在海洋水文动力及浅地层变化的影响下,海底管道都可能形成悬空段。海洋波流等水动力与管土之间的相互作用的流固耦合机理比较复杂,流体荷载作用在浅层土及海底管道上引起结构的振动,结构的振动反过来又会影响绕流流场的流态,从而改变作用在结构上的流体荷载的分布和大小,相互作用的非线性,极易产生振动并引起较大动应力,从而引起结构疲劳,严重时会导致管道疲劳断裂。复杂的环境因素和长期及超期服役造成部分海底管道进入运维高风险期。综合分析海底管道失效情况,失效事件大部分发生在风暴潮等海上大风恶劣气象过后,管道本身存在的客观缺陷加之恶劣海况造成波流水动力交互作用和浅层地质变化的剧烈影响,导致管道薄弱点出现问题,从而失效出现渗漏,严重的导致海底管道管壁出现较大开裂。由涡激振动和频率"锁定"导致的结构失稳以及疲劳破坏是海底管道失效的重要形式。

埕岛油田采油平台有100多座,输油管线近100条,但其中近半数接近设计寿命年限,溢油风险高。加之油区位置紧邻东营港原油装卸码头,外部流入溢油环保责任风险高。溢油监测手段以人工观察为主,不能做到全时段监测,且受环境和天气的影响比较大。同时,溢油雷达探测方法存在虚警率高、"灯下黑"效应、平静海面无法观测、设备复杂运维成本高等问题,也不能较好地满足实际的溢油监测需求。为了做到海上溢油早发现早治理,保护海洋环境,急需一种高效、稳定、实时的溢油监测手段。

4.1.4.2　技术内容

超声多普勒流速流向仪是应用声学多普勒效应原理制成的测流仪,采用超声换能器,用超声波探测流速。流速流向仪如图4.1.4-1所示。

(1)实测海流随时间的变化

根据实测表、中、底层数据绘制各层流速流向历时曲线,在图中可以看出平台海域海流为典型的往复流,表、中、底三层海流的涨潮流向主要是WNW方向,落潮流流向主要在ESE方向。

图4.1.4-1　SLC9-2流速流向仪

测站海区一周日内出现两次涨潮、两次落潮,在流速曲线上呈现两个波峰、两个波谷。流速曲线上的峰值(即涨潮、落潮期间流速最大时刻)与流向的稳定期相对应,随后流速开始衰减,至流速最小时,即流速曲线上的谷值(即涨潮、落潮期间流速最小时刻),

流向变化最大,为转流时刻,且一般在 1 h 内完成流向转换。转流过后,流速逐渐增大,基本在流速稳定之后达到最大,随后流速开始衰减,至下次转流时流速又达到最小。

(2)实测海流垂直变化

测站海域表、中、底层的涨、落潮的最大值差别不大。按每小时一次记录,涨落潮的最大值见表 4.1.4-1,根据数据信息绘制平台区域流失图,如图 4.1.4-2。

表 4.1.4-1　实测涨、落潮最大值统计表

速度测站涨落潮		层次					
		表层		中层		底层	
		方向 (Deg.M)	流速 (cm/s)	方向 (Deg.M)	流速 (cm/s)	方向 (Deg.M)	流速 (cm/s)
H1	涨潮最大	310.0	104.3	300.7	89.0	290.7	78.0
	落潮最大	110.7	108.0	114.7	94.7	114.0	74.7
	涨潮平均	318.3	73.7	297.5	65.2	290.7	53.0
	落潮平均	110.9	85.9	114.7	73.6	115.1	56.7

测量点在探头的前方,不破坏流场,具有测量精度高,量程宽;可测弱流也可测强流;分辨率高,响应速度快,可测瞬时流速也可测平均流速;测量线性,流速检定曲线不易变化;无机械转动部件,不存在泥沙堵塞和水草缠绕问题;探头坚固耐用,不易损坏,操作简便等优点。

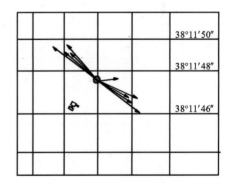

图 4.1.4-2　平台区域流矢图

4.1.4.3　技术特点

①测量精度高,量程宽,可测弱流,也可测强流。

②感应灵敏,分辨率高,不受启动流速限制;响应速度快,可测瞬时流速,也可测平均流速。

③产品分为防水主机(数据采集/电源控制/信号传输),水下传感器,电池供电和太阳能供电系统。

④采用 RS485 总线通信方式,Modbus RTU 通信协议。

⑤无机械转动部件,不存在泥沙堵塞或水草、杂物缠绕等问题。

⑥应用范围广,可用于无人值守的长期在线监测,可形成平台区域各层流速流向历时曲线图,如图 4.1.4-3 所示。

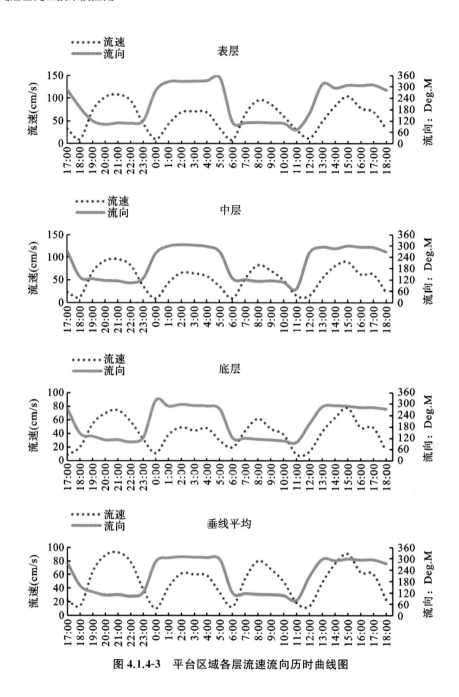

图 4.1.4-3　平台区域各层流速流向历时曲线图

4.1.5　海底管道内检测技术

4.1.5.1　技术背景

海底管道在长年使用过程中,会遇到腐蚀、磨损等问题,进而破坏管道原有结构形成不同程度的损伤。这种损伤若不及时发现并修理,极可能演变成为管道穿孔或破裂,导致油气泄漏。因此，需要定期地对管道进行故障诊断，管道的故障诊断一般采用电磁无损检测技术包括射线检测、涡流检测、超声检测和漏磁检测等。与其他检测方法相比，漏磁检测过程简单，对检测环境的要求很低，并且可以检测到很多类型的缺陷，该技术是目前应用最广泛的管道故障诊断技术。这项技术的难点不仅在于如何测得故障的漏磁场，更重要的是如何准确地将采集到的漏磁信号进行量化。

4.1.5.2 技术内容

管道漏磁内检测器在海底管道检测中利用其上安装的永久性磁铁将管道管壁饱和磁化，当管壁存在缺陷时，磁力线会穿出管壁产生漏磁。主探头拾取金属损失处的漏磁信号，利用探头能够区分管道内壁和外壁金属损失缺陷，进而判别金属损失缺陷，如图 4.1.5-1 所示。在所有管道内检测技术中，漏磁通检测技术（MFL）历史最长，因其能检测出管道内、外腐蚀产生的体积型缺陷，对检测环境要求低，可兼用于输油和输气管道，可间接判断涂层状况，其应用范围最为广泛。由于漏磁通量是一种相对的噪音过程，即使没有对数据采取任何形式的放大，异常信号在数据记录中也很明显，其应用相对较为简单。值得注意的是，使用漏磁通检测仪对管道检测时，需控制清管器的运行速度，漏磁通对其运载工具运行速

图 4.1.5-1　管道漏磁内检测器

度相当敏感，虽然目前使用的传感器替代传感器线圈降低了对速度的敏感性，但不能完全消除速度的影响。该技术在对管道进行检测时，要求管壁达到完全磁性饱和。

4.1.5.3 技术特点

①容易实现自动化。由传感器接收信号，软件判断有无缺陷，适合于组成自动检测系统。

②有较高的可靠性。从传感器到计算机处理，降低了人为因素影响引起的误差，具有较高的检测可靠性。

③可以实现缺陷的初步量化。这个量化不仅可实现缺陷的有无判断，还可以对缺陷的危害程度进行初步评估。

④对于壁厚 30 mm 以内的管道能同时检测内、外壁缺陷。因其易于自动化，可获得很高的检测效率且无污染。

4.1.5.4 技术应用情况及效果

管道内检测是目前在役管道应用最成熟、检测效果最好、性价比最高、最易于推广应

用的检测技术。但是,每种管道内检测技术都有相应的适用范围和局限性,应基于检测的目的和目标选择合适的内检测技术和设备,并使检测设备的能力和性能与检测的目的和目标相适应。同时,对于长输油气管道面临的环焊缝缺陷、针孔腐蚀缺陷及类裂纹缺陷等的威胁,需要采取更加积极的应对策略,在促进管道内检测管理提升的同时,要以关键核心技术和设备的自主研发为突破口,聚焦高端通用科学仪器设备和专业重大科学仪器设备的应用开发、工程化开发及产业化开发,有效提升管道内检测技术水平与装备能力。

油气管道完整性管理理念的不断兴起,带动了油气管道内检技术的快速发展。管道内检技术主要是在不影响油气管道正常运输的情况下,通过智能检测设备进行管道缺陷的检测评价以及合理修复,既保障油气管道的安全运行,又有效地延长了油气管道的使用寿命。目前国内与国外应用的检测主要包括漏磁检测技术、超声检测技术,历经 40 年的发展在工业界得到广泛的应用,为管道的科学管理以及管道的安全运行提供了有力保障,管道内检技术正向更高的适应性和更好的精密性发展。漏磁检测受到的约束条件相对较少,所以其技术的发展较为突出,各种各样的漏磁检测技术不断出现,比如轴向、横向和螺旋磁场检测技术。在超声检测技术上不仅有传统的压电式超声技术,还有现在开始应用于天然气管道的电磁超声检测技术。由于检测较为复杂,还出现了多功能组合的检测仪器,将各检测技术功能的优势互补。

4.1.6　海底管缆定位检测技术

4.1.6.1　技术背景

海底管缆长期处于复杂的海洋环境中,出现悬空、平面位移、管体损伤等情况时,易造成生产安全事故,因此准确探明海底管缆的状态和位置,评价其安全风险,对于预防和排除安全隐患非常重要。

目前国内外探测海底管缆的方法很多,对于掩埋的海底管缆探测手段主要是磁力仪探测和浅地层剖面仪探测。

4.1.6.2　技术内容

（1）磁力仪探测

海洋磁力仪应用于海底管道探测,是因为海底管道使正常的磁场分布发生了变化,从而出现了磁异常,就可以利用磁力仪探测出这些磁异常的分布。磁力仪可以探测各种直径的海底管道,但只能探测其平面位置,不能探测其悬空或埋藏深度,并且只能探测金属物体,对于非金属材料管道无能为力。需结合声呐、多波束和浅地层探测等资料进行综合分析。

磁力仪的安装:

磁力仪采用尾拖的方式,拖点为船左侧的尾桩,GPS天线安装在拖点尾桩上,拖鱼拖于船后三倍船长距离，入水 2～7 m(视水深情况而定，无障碍物接近海底效果好)，用轻便拖缆连接拖鱼与磁力数据采集系统。

使用"Y"形数据电缆将 GPS 定位数据分别传输到导航电脑和磁力数据采集电脑系统中，探测时将 LayBack 值输入 SeaLink 软件，由软件对拖鱼位置自动进行改正。

仪器安装方式见图 4.1.6-1。

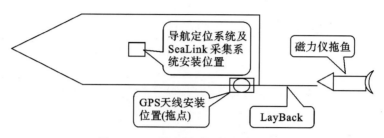

图 4.1.6-1 磁法探测仪器安装示意图

(2)浅地层剖面仪探测

①浅地层剖面仪测线布置技术要求。

(A)浅地层探测：

使用浅地层剖面仪测量路由区地层分布情况，垂直路由轴线布设浅地层探测测线，测线长 50 m，测线间距为 50 m，立管两端向外延长 50 m。平行路由中心线布设 2 条浅地层探测测线，其沿轴线左、右各 1 条，2 条测线间距为 20 m。不允许使用管线探测代替地层探测。测线布设如图 4.1.6-2 所示。

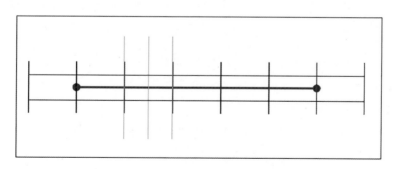

图 4.1.6-2 浅地层探测测线布设图

图 4.1.6-2 中，红色线为海底管道中轴线，黑色线为浅地层探测测线，绿色线为浅地层加密探测测线。

(B)浅地层剖面仪探测管道位置及埋深：

垂直路由中心线布设管道埋深探测测线，测线长 50 m，测线间距为 25 m，如图 4.1.6-3 所示。

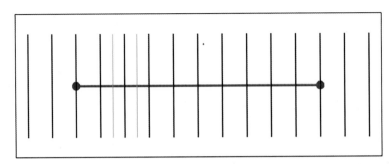

图 4.1.6-3　管道埋深探测测线布设图

图 4.1.6-3 中,红色线为海底管道中轴线,黑色线为管道埋深探测测线,绿色线为管道埋深加密探测测线。

②浅地层剖面仪要求。

(A)浅地层剖面仪的声源一般采用电声或电磁脉冲,频谱为 500 Hz～15 kHz。

(B)发射机具有足够发射功率,接收机具有足够的频带宽和时变增益调节功能,能同时进行模拟记录剖面输出和数字采集处理与存储。

③浅地层剖面仪技术要求。

(A)海底电缆路由勘察进行浅地层剖面探测,获得海底面以下 10 m 深度内的声学地层剖面情况。

(B)浅地层剖面探测地层分辨率优于 0.2 m。

(C)记录剖面图像清晰,没有强噪声干扰和图像模糊、间断等现象。

4.1.6.3　技术特点

①操作简单,数据可视化效果明显,减少水下探摸作业环节。

②无须依靠海底清障环节,可实现泥下海底管缆精准定位,特别是针对管缆平行、交叉等复杂海域,减少大量路由校核工作量。

③可用于扫测海底管缆埋藏情况,为管缆防护提供可靠的数据支持。

4.1.7　海管阀门失效检测技术

4.1.7.1　技术背景

随着我国对海洋石油天然气资源开采的发展,一批较早建造的海底油气管道接近服役期限,海管阀门失效的事故屡有发生,但海管阀门是否存在内漏不易察觉。阀门的泄漏分为外漏和内漏,其中内漏更不容易检测。因此,阀门内漏检测成为研究热点。阀门泄漏的检测方法包括气泡测定法、质量平衡法、温度检测法、负压波法和声发射法等,其中声发射检测方法具有在线、快速、动态、经济及环境适应性强(特别是针对一些高温、辐射、不易接触的管路阀门)等优点,且不会破坏阀门的完整性。因此,声发射检测方法成为目前阀门内漏检测的主流方法和研究热点。

4.1.7.2　技术内容

阀门泄漏检测装置的工作原理是通过声发射传感器将阀门发出的机械波信号转换为连续的电信号,并通过前置放大器将这一电信号放大后传输给检测装置的主处理器,经处理、存储后等待后续的信号显示、处理和分析。图 4.1.7-1 为其工作原理流程图。

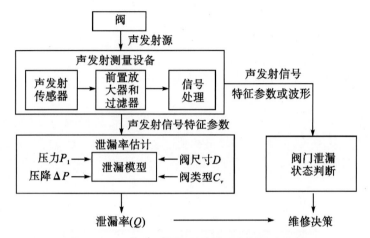

图 4.1.7-1　阀门泄漏检测装置工作原理流程图

超声波检测仪接触式模式是沿着回路采集样本读数。检测人员能清楚地定义流动方向,更重要的是故障源,即使在高噪声区域。泄漏的气体,随着它们从压力侧到达无压力侧,就会产生超声波能量,从而被 SDT 超声波检测仪精确定位,其应用如图 4.1.7-2 所示。

检测程序:

①将接触式传感器顶在阀门上游管线 A 处(图 4.1.7-2)测定系统环境超声值。

②使用 SDT 超声波检测仪主机上的向上和向下箭头按钮调整仪器灵敏度,确保液晶显示屏上的箭头指针隐去,以测定系统背景信号,同时注意显示屏上的 dB 读数。

③将接触式传感器顶在阀门下游管线(图 4.1.7-2 B 处)倾听泄漏信号。如果显示屏上的 dB 读数小于或等于 A 点读数,说明阀门没有泄漏现象;如果 B 点的 dB 读数相对于 A 点有所增加,说明阀门可能有泄漏。

④将接触式传感器顶在 B 点之下的某处下游管线,进行泄漏点确认。如果阀门泄漏,图中 C 点的 dB 读数应小于 B 点读数;如果 C 点的 dB 读数大于 B 点读数,泄漏位置应该在管线的下游某处。

⑤如果阀门处于关闭状态,则几乎听不到声响。如果阀门处于打开状态,可以听到连续或间断的流动声音,这是介质流过阀体时发出的声音。

⑥水处理厂可以参照 SDT 超声波检测仪的数字读数进行阀门检修后的校准和设置工作。水处理设备的闸式阀的读数一般低于 5 dBμV。

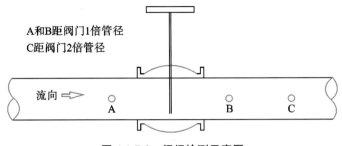

A和B距阀门1倍管径
C距阀门2倍管径

流向

A　　　　　B　　C

图 4.1.7-2　阀门检测示意图

4.1.7.3　技术特点

利用超声波检测技术在一般工业现场进行阀门气密封检漏，可以实现快速定位漏点，准确获得泄漏率，提高检测效率，降低单次检测成本；可以实现管道装置上阀门的在线检漏；可以实现阀门微渗漏定量检测。

4.1.7.4　技术应用情况及效果

利用超声波进行海管阀门失效检测，可实现阀门、管线内部气体或者液体是否存在泄漏、阀门内漏、液压系统内漏检测，泵气蚀检测，空压机内部泄漏检测，疏水器故障的检测，压缩空气泄漏检测，锅炉、热交换器和冷凝器泄漏检测等，为管线隐患的查找、阀门安全性能提供数据支持。

4.1.8　水下结构检测技术

4.1.8.1 技术背景

水下检测作为一门新兴工程学科，集成了现代海洋工程技术、无损检测技术、潜水技术、潜水医学以及结构力学、断裂力学等学科。从 20 世纪 70 年代英国、挪威等提出海洋平台水下检测以来，水下检测从工程技术、装备等已发展到一个较为成熟的行业。由于海洋石油开发热潮越来越高，海洋平台数量呈现爆炸式增长，世界各海洋石油生产国对海上工程结构物的水下定量检测与安全性评估十分重视，同时由于海洋油气设施的复杂性以及多样性，水下检测技术近年来从技术装备到应用范围也有了崭新发展。随着中国石油行业逐步向海洋进军，水下检测技术的重要性日渐凸显。

4.1.8.2 技术内容

根据埕岛油田海上平台年检及结构物检测要求，并结合构筑物性能衰减情况，对不同的检测部位分类别、分区域进行检测,形成系列检测技术,为平台状态评估提供可靠依据。

(1)水下检测分类

根据国内外一些权威船级社以及行业内一般做法,水下检测一般可分为三种类型:

Ⅰ类检测,又叫绿色检测,是指一般的目视检测,不需清理海洋生物,一般是对结构的整体做概貌性的检测。

Ⅱ类检测,又叫蓝色检测,是在清理表面海洋生物后所做的近距离的目视检测,一般可借助皮尺、量具等简单的测量工具。

Ⅲ类检测,又叫红色检测,是无损检测类(NDT)中主要的水下检测技术。利用专业的无损检测仪器对结构细微的或不能由肉眼观测到的缺陷/损伤进行检测,一般需要对结构表面进行清理。部分检测需要由具备专业资质的人员进行。常见的 NDT 技术有杆件进水探测(FMD)、ACFM 裂纹探伤、超声波测厚、电位测量、磁粉探伤等技术。

(2)导管架杆件进水探测(FMD)技术

①进水构件超声检测原理。

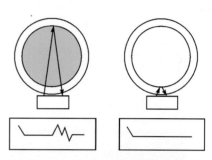

当存在穿透型裂纹时,外面的海水将渗到平台构件的内部,使含缺陷的构件充水,可以用超声波探测构件内是否有水,依此来判断是否存在缺陷。用超声检测的原理就是探测构件另一侧是否会反射超声回波,因为充满空气的构件不会传送超声脉冲。如果探测到超声回波,就说明构件内有水,即构件存在缺陷(图 4.1.8-1 和 4.1.8-2)。

图 4.1.8-1　进水构件超声检测原理图

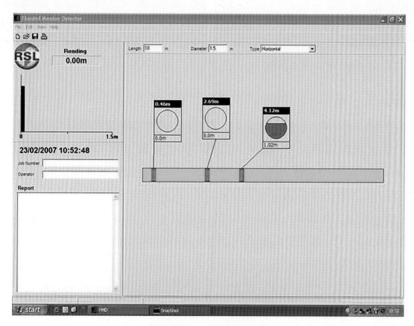

图 4.1.8-2　测试显示图

②构件充水探测主要的检测对象。

构件充水探测主要的检测对象为已封口内空构件。被检测体必须是圆形的管道,内外壁光滑、规则。

③人员要求。

实施检测的人员应通过构件充水探测(FMD)检测技术的专门培训。

④工艺控制:

(A)清理被检测构件周围的海洋生物。

(B)检测前须确保探头内部完全浸水,没有任何空气在探头内部。

(C)待测构件直径须大于 200 mm,厚度范围为 10~50 mm。

(D)检测前应确认设备运行良好。

(E)如构件内部存在严重腐蚀或其他残渣,将导致误判。在实际操作中,在不同的点位上多取几个检测点以确保结果的可靠性。若 FMD 测得构件充水,应用磁粉探伤(MPI)或 ACFM 检测验证,并确定裂纹的位置,如图 4.1.8-3 和 4.1.8-4 所示。

图 4.1.8-3　海洋生物清理　　　　　　图 4.1.8-4　进行杆件 FMD 探测

(3)ACFM 裂纹探伤技术

ACFM 技术的理论基础是电磁感应原理,一个通交变电流的特殊线圈(激励线圈)靠近导体时,交变电流在周围的空间中产生交变磁场,被测工件(导体)表面的感应电流由于集肤效应聚集于工件的表面。当工件中无缺陷时,感应电流线彼此平行,工件表面有匀强磁场存在;若工件中有缺陷存在,由于电阻率的变化,势必对电流分布产生影响,电流线在缺陷附近就会产生偏转,工件表面的磁场就会发生畸变。这个磁场的变化强弱,就能反映出裂纹的尺寸。在工件表面产生的电磁场中,ACFM 技术是检测感应磁场来检测裂纹,因为磁场渗透率强于电场,衰减慢于电场;其原理为法拉第电动势原理,通电线圈(检测线圈)切割磁场产生电动势,检测此电动势即可检测感应磁场。

ACFM 检测至少包括如下内容:

①被检工件情况。

②检测设备器材。

③检测准备,包括确定检测区域、探头选取、仪器设置、扫查方式的选择、扫查面准备等。

④检测系统设置和校准。

⑤检测。

⑥数据分析和解释。

⑦裂纹缺陷的定位和定量。

4.1.8.3　技术特点

①FMD法检测有速度快、操作简单、效率高,与其他方法相比成本低的优点。

②应用范围广,设备体积小,能同时满足水上、水下不同的施工环境。

4.2　平台、管道维修干预

4.2.1　水下湿法焊接技术

4.2.1.1　技术背景

随着海洋工程的不断发展,深海石油开采需求的日益增大,水下湿法焊接技术以其操作灵活、成本低廉的优势,已被广泛地应用于海上油气平台的搭建及海底输油管道的铺设与维修中。同时,随着水下焊接材料的发展,其在船舶、桥梁、核电等其他涉水工程结构中的应用也在不断增多。湿法焊接具有设备简单、成本低廉、操作灵活及适应性强等优点,被广泛用于海洋工程的建造安装及维修,特别是近年来随着专用焊条等焊材的不断改进,湿法水下焊接得到了快速的发展。湿法水下焊接如图4.2.1-1。

4.2.1.2　技术内容

湿法水下焊接是直接在结构水深处焊接,也就是在焊接区与水之间无机械屏障的条件下进行,焊接既受到环境水压的影响,还受到周围水的强烈冷却作用。

(1)作业程序

①准备工作:

(A)确定焊接方式,确定焊接工艺。

(B)选取适当的焊接设备,按要求组装调试设备,并进行模拟焊接试验。

(C)水下湿法焊接一般采用反接法。

(D)探摸清理焊接部位,精确测量,根据探摸情况确定焊件,反复调试装配,达到水下焊接要求。确定焊接顺序,减少焊接应力,以期达到最佳焊接效果。

②焊接程序及注意事项：

（A）实施水下焊接时，首先在作业点用同样的材质上做试验焊接，电流、焊路成型达到要求后，再实施正式焊接。

（B）潜水员实施焊接时，要带橡胶手套，潜水员不要站在地线和焊炬之间。

（C）更换焊条时，要使焊炬离开工件后通知照料员断电。将新焊条夹紧，在焊接位置做好准备后通知照料员开电。

（D）照料员在接到潜水员断电指令后，先断电再通知潜水员已断电。接到潜水员开电指令，先通知潜水员已开电，再将电闸合上。

（E）不起弧或麻电厉害时，要先断电，然后检查焊条是否夹紧、工作表面是否清洁、地线是够接好、焊接工作是否正常、选择焊接参数是否正确。

（F）防止焊接时熔渣烫伤，不要直视熔池，防止灼伤眼睛。

（G）焊接结束，及时断电，清洗整理设备。如需继续使用，要将焊把放在淡水中浸泡。

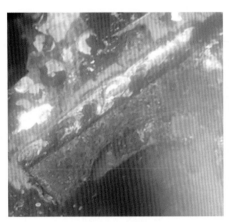 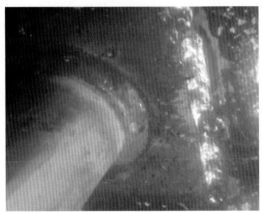

图 4.2.1-1   湿法焊接实操图

4.2.1.3   技术特点

①成本低廉。水下湿法焊接相比于干式水下焊接和局部干式水下焊接，具有更低的施工成本，无须排出焊接部位多余水分即可焊接。

②操作灵活。水下湿法焊接无须做排水措施即可对焊接部位进行焊接。

③适应性强。水下湿法焊接焊条除具有较高的溶氢能力外，还具有和铁素体相近的热膨胀系数，能够适应较高的焊材稀释率，因此可以焊接碳当量更高的钢材，且无氢致裂纹出现，接头的低温韧性很高。

4.2.2   海上储油罐整体预制更换

随着埕岛油田不断深入开发，平台储油罐逐步达到使用寿命，需要进行更换。为了减少储罐更换对平台生产带来的影响,对海上储油罐采用了整体预制、整体更换的施工方案。

4.2.2.1 技术内容

(1)储罐整体预制方案

储罐采用整体倒装法预制,使用 1 台 25 t 吊车配合施工。

施工流程如图 4.2.2-1 所示。储罐结构如图 4.2.2-2 所示。

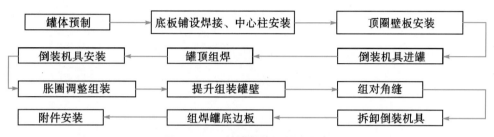

图 4.2.2-1 储罐整体预制流程图

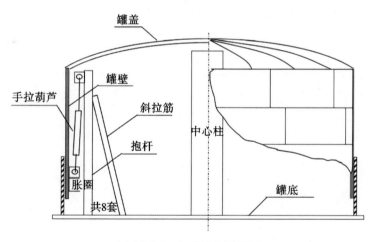

图 4.2.2-2 储罐结构示意图

(2)海上拆除

海上储罐拆除施工工艺流程如图 4.2.2-3 所示。

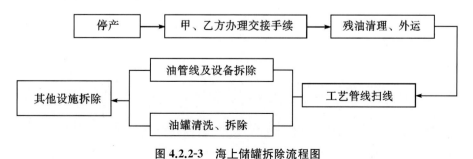

图 4.2.2-3 海上储罐拆除流程图

（3）新建储罐整体吊装

浮吊就位前办理相关的抛锚申请手续,浮吊选择平流时就位,利用GPS全球定位系统辅助定位抛锚,浮吊抛锚完成后,收紧锚缆向指定位置靠近,准备进行吊装作业。浮吊海上就位作业如图4.2.2-4和图4.2.2-5所示。

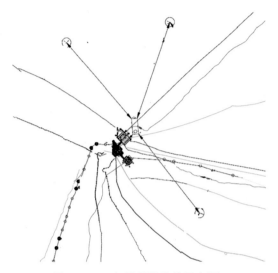

图4.2.2-4　船舶抛锚就位示意图

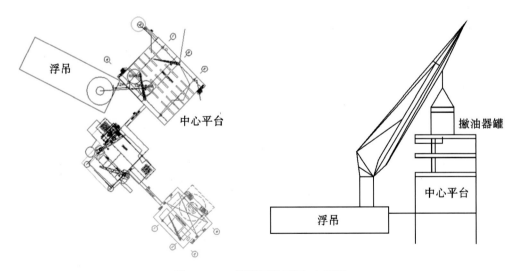

图4.2.2-5　储罐吊装平面、立面图

吊装施工流程:

①浮吊按照审批完成的抛锚申请就位后,驳船拉运储器罐在拖轮的辅助下靠浮吊右舷。

②将吊装框架挂至浮吊吊钩上,慢慢拉起吊钩,同时对撇油器进行解封。

③在司索指挥的指挥下,慢慢吊起撇油器罐,离地约0.5 m时,停止动作,进行试吊。

试吊时间不得少于 5 min,其间应检查吊机、吊索具等是否处于正常状态。试吊完成后,进行正式吊装。

④将罐体慢慢吊装就位,同时注意罐体就位方位,必要时通过溜绳、手拉葫芦等辅助就位,如图 4.2.2-6 所示。

⑤罐体吊装就位后,解钩,同时对罐体进行加固焊接。

图 4.2.2-6　储罐海内吊装实例

4.2.2.2　技术特点

①提高了陆地预制深度。将整个储油罐陆地预制成为一个模块,内部管线及设备在陆地预制期间安装完成,加大了陆地预制深度,提高了施工效率。

②保证了施工质量。储油罐结构及内部工艺管线全部在陆地进行预制焊接,受湿度、风力等环境环境因素影响较少,保证了焊接质量。

③有效地缩短海上施工时间,节约了施工成本。

4.2.3　海底管道泄漏快速封堵技术

4.2.3.1　技术背景

海底油气管道被喻为海上油气田的主动脉和生命线,其安全、可靠运行是海上油气田生产的保证。由于海上条件的限制,海底管道一旦发生泄漏,其修复需要一定时间。在海底管道修复完成前,泄漏快速封堵技术可以对海底管道泄漏点实现快速临时封堵,以减少其造成的海洋环境污染,并为随后的清管扫线和正式修复提供条件。其应用示例如图 4.2.3-1 所示。

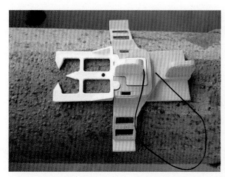

图 4.2.3-1　泄漏快速封堵技术实操图

4.2.3.2 技术内容

①海管泄漏之后，迅速使用浮吊将集油罩吊装至泄漏点上方，收集泄露的原油防止扩散，潜水员通过集油罩的封闭门进入集油罩内，准确寻找泄漏点，确定泄漏位置。

②潜水员确定泄漏点后，清理泄漏点附近海洋生物，使用 3X 密封胶带对泄漏位置快速缠绕进行初次密封。

③使用 3X 辅助定位工具磁力吸附在海底管道泄漏点位置，使用密封橡胶垫覆盖泄漏点，通过调节螺母位置提高泄漏点密封性。

④安装完毕后即可对泄漏点实现封堵。

此技术操作简便，成本低廉，无任何烦琐步骤，能够在最短的时间内最直接有效地封堵泄露源，极大地降低了发生事故的概率以及降低漏油造成的经济损失和进一步造成大面积海水污染的可能，因此是海底管道泄漏最常用的方法之一。

4.2.3.3 技术特点

①该技术可应用于多种形状管道密封，并可封堵石油、天然气、水等多种液体。

②可应用于陆地、近海、海底等环境。

③可实现快速安装。

④经济实惠，成本低廉。

4.2.3.4 技术应用情况及效果

应用于采油厂油气管道泄漏快速封堵，潜水员在短时间内对废弃井口进行 3X 封堵工具快速安装，迅速对泄漏位置实行密封，有效阻止了气体泄漏。

4.2.4 平台工艺管道应急抢修技术

4.2.4.1 技术背景

管道封堵技术是在运行介质的管道上，实施局部改造的一项特种设备作业技术。它能在管道不停输运的状态下完成对管道的拆改工作，包括更换管段、管道改线、换阀、夹阀、清管和投产保驾等多种管道维抢工作，是一种管道储运、石化生产线中不可缺少的节能、环保、经济、高效、安全、成熟的管道特种作业技术。

4.2.4.2 技术内容

（1）平台工艺管线应急抢修封堵方式

①塞式封堵。适用于高压封堵。

②折叠式封堵。适合大口径管道封堵，开小口径孔，封大口径管；低压管道可焊法兰

短节,适合快速封堵抢险;轻型折叠封堵适合沙漠、沼泽、山区及各种受限空间的封堵作业。

③筒式封堵。封堵密封较严,可不做二次防火密封;不受管道内壁状况影响。

④双开筒式封堵。双开可加厚筒壁,密封层采用金属软片,可适用于高温高压封堵;封堵密封性能佳,且可调节;不受管道内壁状况影响;可不做二次防火密封。

⑤远程智能封堵技术。利用收发球筒,可不开孔下堵,适合海底管道封堵。

(2)封堵的步骤

①漏点周围使用防爆工具人工敲击重锈,砂带打磨,使用锉刀对漏点周围进行拉毛处理,表面使用酒精擦拭干燥后,用速成钢胶棒对漏点进行封堵。速成钢胶泥封堵完成后,根据漏点大小使用强力磁铁吸附于漏点处,人工涂抹不定型进口美国德复康塑钢金属修补剂修复,对漏点及周围 20～25 cm 均匀涂抹,每遍涂抹修复厚度不超过 1 mm,共计涂抹 5 遍,厚度为 5～6 mm,等待修补剂修复面固化(初步固化时间常温下 2 h)。

②待修补剂初步固化后,使用砂带对修复面进行拉毛处理,酒精擦拭修复面,使用脱脂玻璃纤维加强带加国产可塞新工业修补剂粘贴补强:将金属修补剂均匀涂抹于修复面,厚度 1 mm,横向粘贴玻璃纤维加强带一层,使用刮板反复刮压纤维带布面排气 1 遍,涂抹金属修补剂第二遍,横纵向粘贴玻璃纤维加强带一层,使用刮板反复刮压纤维带布面排气 1 遍,以此类推。横纵向各 4 层,即修补剂涂抹 9 层,玻璃纤维加强带粘贴 8 层,刮压布面排气 8 遍。

③碳纤维布粘贴加强:将碳纤维布裁剪,平铺在塑料布上,正面涂环氧结构胶预浸,使用刮刀或罗拉滚反复碾压碳纤维布;反面涂刷环氧结构胶预浸,使用刮刀或罗拉滚反复碾压碳纤维布,直至胶完全浸透碳纤维布,将浸好的碳纤维布搭接粘贴 1 层,使用刮板反复刮压碳纤维布面排气 1 遍,碳纤维加强 2 层,涂胶 6 遍,刮压碳纤维布面排气 6 遍,待漏点补强固化后,涂刷面漆 1 遍。

4.2.4.3 技术特点

①操作简单,现场不需动火作业,可实施性强,可满足多种工况下的抢修作业。
②可在不破坏结构物本体的情况下,增强单点强度,达到局部补强的目的。
③节省结构物整体更换造成的成本费用,缩短维修周期,实现降本增效。

5 构筑物弃置

5.1 整体拆除

5.1.1 平台浮托拆除技术

5.1.1.1 技术背景

埕岛海域废弃海洋石油平台的常规拆除方案是海上起重船吊装拆除法。其中，上部组块的拆除可分为分块拆除和整体拆除2种方法。分块拆除是将整个平台组块切割成浮吊能够吊起的小块，但是需要进行大量的海上切割工作，工程量大并且会对海洋环境造成污染。整体拆除则是将平台的整个上部组块与导管架分离后，直接吊装至驳船上。该方法海上切割量小，但需要使用具有足够起重能力的大型浮吊船舶，并且由于拆除时无法对组块的重心做出精确计算，整体吊装的风险非常大。

平台浮托拆除技术是指驳船进入平台下部基础，通过系泊系统以及调载使船上临时支撑与上部组块支撑立柱进行对接，对接完成后调载驳船使其上升以顶升组块，当组块顶升一定高度后，驳船驶离平台下部基础并将上部组块运至指定地点。图 5.1.1-1 和图 5.1.1-2 分别为平台浮托拆除法实例和原理图。

图 5.1.1-1　平台浮托拆除法

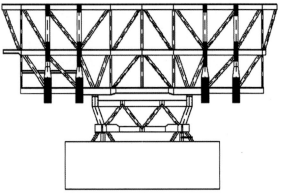

图 5.1.1-2　浮托拆除原理图

5.1.1.2　技术内容

对拆除平台进行分析,选择合适船舶,并进行相应的计算。

(1)计算内容

①浮托方案设计。

②浮托对接耦合分析。

③组块对接耦合单元顶升装置设计。

④船舶与组块加强结构设计及其整体强度分析计算。

(2)技术流程

①将浮托驳船压载到设计吃水,通过锚泊定位系统从两侧向弃置平台靠近,直至船侧支撑结构上的托碗对准安置在组块上的旋转支撑。

②浮托船排载,船侧支撑结构逐渐承接组块的重量,同时连接组块腿与船侧支撑结构之间的绑扎绳,切割导管架与组块之间的连接结构,最后通过组块对接耦合单元顶升装置中的液压千斤顶同步顶升,使组块与导管架分离,组块重量完全转移到浮托船上。

③通过锚泊定位系统,控制浮托船驶离到距离弃置平台导管架约 40 m 处后停止向前移动。

④组块运输船通过锚泊定位系统靠近组块浮托船,直至组块的主腿位于运输船上组块支撑结构的正上方。

⑤通过浮托船的压载水调整实现组块质量由浮托船转移至运输船上,并将组块与运输船固定焊接。

⑥通过锚泊定位系统,将浮托船从两侧驶离运输船,然后运输船装载组块离开作业现场。

5.1.1.3　技术特点

①对船舶资源和设备的要求比较小,不受大型浮吊船资源的限制。

②组块对接耦合单元顶升装置使得组块的每个支撑点都具备可调性,解决了弃置组块重量和重心无法精确计算的问题。

③大幅度降低了组块海上拆除时间,节省总体拆除费用。

④整体拆除保持了组块的完整性,为组块改造和再利用提供了可能性。

5.1.2　平台模块化拆除技术

5.1.2.1　技术背景

为了保护海洋生态环境和恢复海上航行等海洋主导功能,根据国家安监总局 25 号令《海洋石油安全管理细则》规定,在油气田寿命终止时,要对已建的工程设施进行弃置拆除,残留海底的装置应切割至海底表面 4.0 m 以下。

埕岛油田经过多年的建设,已建成平台 100 余座,许多平台陆续达到使用年限。结合国内外工程施工案例和埕岛海域自然地理条件,研发总结出埕岛海域海上平台模块化整体拆除的施工技术。该技术提高了工作效率,节约了施工成本,维护了海洋环境稳定,取得了明显的社会效益及经济效益。

5.1.2.2 技术内容

(1)海上隔水管、桩管清淤施工

清淤施工主要有三种方式,如图 5.1.2-1 所示:

一是使用自制清淤设备清淤。自制高压射水框架,装套在潜水泵上,离心泵连接高压射水框架,用高压水冲击桩管内土层,使其液化,再经泥浆泵抽出桩管,形成一个"高压冲泥、高效抽污"的循环系统。

二是直接使用带铰刀式渣浆泵,利用铰刀将土层搅起,将沉积的泥土喷击成湍流,使渣浆泵在没有辅助装置的情况下能够实现高浓度输送,高效完成清淤作业。

三是使用自动气升式提泥装置进行清淤,6 立方空压机、6 英寸胶管、1.5 英寸注气胶管组成气升式清淤设备,气体通过膨胀做功将其压能转化为液体的重力势能与动能,高效完成清淤作业。

图 5.1.2-1   三种海上清淤方式示意图

(2)上部组块拆除

上部组块切割位置在水面以上,可以采用火焰切割或等离子切割方式。切割完成后根据吊装强度、吊装载荷、吊高等,确定吊耳、吊索具,然后整体吊装放置甲板上,安全高效完成作业。上部组块吊装如图 5.1.2-2 所示。

图 5.1.2-2　上部组块吊装

（3）海上隔水管拆除

①隔水管水下切割：隔水管管径小于 800 mm 的一般采用磨料射流切割工艺，如图 5.1.2-3 所示。磨料射流切割原理，可简单概括为：通过转能装置，将发动机的机械能转变成水的压力能；再通过喷嘴小孔，喷出高速射流，将压力势能转换成动能；当高速水射流冲击被切割材料时，动能又重新变成作用于材料表面的压力能。如果压力超过材料的破坏强度，即可切断材料。磨料射流切割特点：（A）切割力强，工效高，安全系数高；（B）因是湿法切割，环保无污染；（C）切口质量高，一次成型。通过先进技术的采用，可以高效高质地完成此项施工。

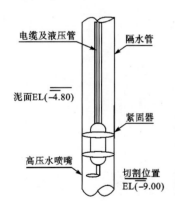

图 5.1.2-3　磨料射流切割

对于隔水管管径大于 800 mm 的可采用潜水员水下电氧切割工艺。

②隔水管吊装。

通过对隔水管的重量、抗拔力、吊高等详细核算，最终确定吊耳、吊索具等具体参数。由司索指挥统一指挥，缓慢起吊，并时刻注意吨位显示器。隔水管及上部平台整体出水前保持垂直起吊。隔水管及上部平台完全吊装出水面后，司索指挥人员指挥浮吊将其放至双体驳船甲板上。隔水管吊装如图 5.1.2-4 所示。

图 5.1.2-4　隔水管整体吊装示意图

（4）海上导管架桩腿拆除

由于导管架桩管的管径都在 1 000 mm 以上，所以清淤完成后全部采用潜水员水下电氧切割的施工工艺进行切割。切割完成，根据吊装强度、吊装载荷、抗拔力等计算，最终确定吊耳、吊索具、船舶资源等。海上导管架吊装如图 5.1.2-5 所示。

图 5.1.2-5　导管架吊装示意图

（5）地貌恢复

根据《中华人民共和国海洋环境保护法》等相关法律法规，废弃平台桩基拆除后要对地貌进行相应恢复。平台拆除完后恢复平台外 5 m 范围内的海底地貌，达到相关部门要求。地貌恢复采用抛填沙袋的方式，完成后潜水员对沙袋抛填区进行探摸，并水下作业调整沙袋，保持抛填区域沙袋平整。抛沙施工如图 5.1.2-6 所示。

图 5.1.2-6 抛沙袋示意图

（6）构筑物转运

废弃构筑物分解成小块可装载构件，以转运车辆装载不超标为原则。所有切割尽量采用等离子切割的方式进行。构筑物转运如图 5.1.2-7 所示。

图 5.1.2-7 构筑物转运示意图

5.1.2.3 技术特点

①施工效率高。采用多种切割工艺，针对不同结构进行拆除。

②经济效益显著。对不同结构的拆除，采用不同的切割工艺，可对切割设备、船舶机械的投入做出极大的优化，从而减少资源浪费，降低成本。

③拆除工艺适应性强。针对水面以上采用常规氧-乙炔火焰切割，导管架采用水下电氧切割，隔水管采用磨料高压水射流切割。将采用平台涉及弃置钢结构几乎全部涵盖。

④环境保护效果好。水上切割可通过围挡回收的方式减少切割废弃物对海洋环境的污染。水下部分切割通过水下电氧切割和磨料高压水射流切割方式几乎不产生污染物。

5.2　切割

5.2.1　水力切割技术

5.2.1.1　技术背景

埕岛油田上的储油罐、气罐等罐体大多分布在中心平台上,由于中心平台是周围各个平台油气集输中心,关系到整片区域的产油量,所以中心平台的安全至关重要。与中心平台上罐体有关的施工,如注水罐切割、与罐体相连管线更换等施工,施工时应高度重视安全。因此,怎么施工,用什么工艺施工成了关键点。水力切割,无须考虑容器内可燃介质浓度,可根据施工要求直接进行切割作业,安全可靠。

5.2.1.2　技术内容

水力切割是冷切割技术,也是高危作业领域最理想的切割方式。该设备以混砂水为原料,采用水压调整的方式产生能量进行切割,切割过程中无高温、火花产生,其静电值低于 100 V。

施工方法:

①在需要切割的管道上预先布置切割线,切割时严格按切割线进行切割。

②用链形导轨将切割小车固定在管道上,将割嘴对准切割线。

③试切割:不通高压水,将切割小车通电,试转一圈,看看是否沿切割线行走。

④切割:给小车通水通电进行正式切割。

⑤切割完成后,将切割下的管段吊运至安全区域,并将切割后的水砂混合物清理干净。

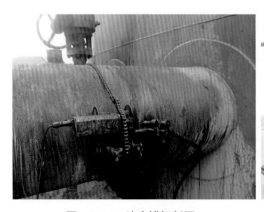

图 5.2.1-1　注水罐切割图　　　　　　　图 5.2.1-2　管道切割图

5.2.1.3　技术特点

①切割速度快,且切口较为平整,不会出现粗糙且带有毛刺的边缘;由于其不会产生高温,切割面不会产生熔渣,无须二次施工。

②安全风险低,在切割过程中不会产生高温、火花。

③适用范围广,可用于钢材、混凝土等多种材料。

5.2.2　水下电氧切割技术

水下电氧切割是一种水下金属切割方法。由于该切割方法设备简单,使用灵活,适应性强,功效快,技术易掌握,安全可靠,在国内外被广泛使用。

图 5.2.2-1　水下电氧切割图

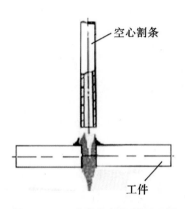

图 5.2.2-2　水下电氧切割原理图

5.2.2.1　技术内容

(1)电氧切割原理

当焊条与焊件接触时,电阻热将接触点处周围的水汽化,形成一个气相区。当焊条稍一离开焊件,电弧便在气相区里引燃,继而由电弧热将周围的水大量汽化,加上焊条药皮产生的气体,在电弧周围形成一个一定大小的"气袋"(称为电弧空腔),把电弧和在焊件上形成的熔池与水隔开。

(2)水下电氧切割工艺参数

影响水下电氧切割质量和效率的工艺参数主要有切割电流、氧气压力及切割角。采用不同的割条和切割不同的材质,对其切割效率和质量的影响也不同。下面主要介绍用无缝钢管割条切割碳素结构钢时各工艺参数。

①切割电流。

切割电流取决于工件厚度及割条的直径。被切割工件越厚,割条直径越大,切割电流就越大。电流过小,电流不稳定,穿透力小,会使切割能力降低;但电流过大,会使割条过热,药皮爆裂,熔池宽度增大,造成熔融金属粘在切口中,进而使得工件不能被割穿。

经水下切割施工验证,在相同板厚、相同直径的割条、相同切割材料的条件下,切割电流越大,切割速度就越大。切割电流不能无限制地提高。一方面是受切割电源容量的限制:一般水下电氧切割使用的电源额定输出电流为 500 A,如超负荷使用,会损坏电源。另一方面是受割条直径限制:一定直径割条的最大允许使用电流是一定的。电流过大会使药皮脱落,反而影响切割效果。当然,切割不同厚度的钢板,即使是相同的电流和相同直径的割条,其切割速度是不一样的。

②氧气压力。

水下电氧切割中,氧气压力是否合适对切割质量及效率影响很大。适当增加氧气的消耗量,可以提高切割速度,而且切口质量良好,背面挂渣少,不易出现粘边现象。但氧气压力也不能无限制地增加,因为一方面受导气管承压能力的限制,另一方面,若吹向割缝的氧气流量过大,会使割缝过冷、电弧不稳定,反而导致切割速度下降。

氧气胶管直径增加,应给予一定的压力补偿;切割水深增加,应当增加相应氧气压力。

③切割角

切割角是指割条与工件表面上垂线之间的夹角。割条后倾时,切割氧气流相对切口前缘形成一个攻角,这有助于加快切割速度;但对于较厚的工件,割条后倾使得氧气流垂直分量的排渣能力不足,反而会影响切割速度。切割角应根据被切割工件的厚度而定。

5.2.2.2 技术特点

水下电氧切割适用于能导电的金属材料,主要是用来切割易氧化的低碳钢和低合金高强钢。其使用水深已超过 150 m。切割的厚度也在不断增加,一般切割厚度 10～50 mm 最佳。

5.3 辅助

5.3.1 桩内取土技术

由于海底的桩腿、隔水管等应切割至海底表面 4.0 m 以下。为达到切割深度,需要对导管架桩腿内、隔水管内部进行清淤以便射流切割设备或潜水员能够到达切割位置。

5.3.1.1 技术内容

(1)桩管内冲泥原理

用高压离心泵和排污泵配合清理隔水管内淤泥,见图 5.3.1-1。

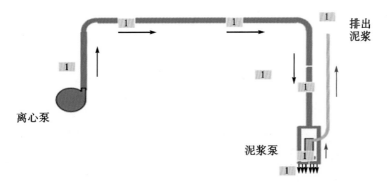

图 5.3.1-1　水下冲泥原理图

（2）桩管冲泥施工流程

预制钢架底部开有出水口,离心泵出水口通过高压软管接钢架顶端。将冲洗装置吊装至桩管内,启动离心泵,高压水从钢架底部冲击淤泥,使淤泥液化。排污泵固定在钢架上,把液化的淤泥抽出。原理如图 5.3.1-2 所示。记录冲泥深度,达到要求的设计深度后,将设备吊出桩管,由潜水人员检验水下冲洗质量,必要时通过人工进行局部清理,见图 5.3.1-3。达到设计要求的深度后,下放水力切割装置进行桩管切除。

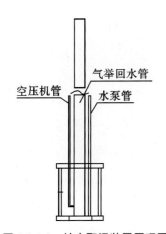

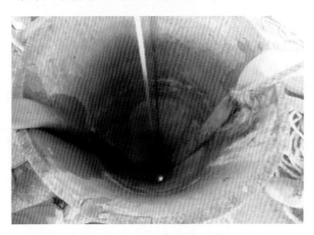

图 5.3.1-2　桩内取泥装置原理图　　　图 5.3.1-3　桩内冲泥施工照片

5.3.1.2　技术特点

①桩内取土基本不受海洋环境的影响,取土工作量小,对海洋环境影响小,大大提高了工作效率,节约施工成本。

②桩内取土技术可广泛用于导管架平台、立管桩、火炬桩、单井平台、隔水管等海上构筑物拆除的清淤施工,桩内无混凝土时均适用。

5.3.2　水下挖泥冲淤技术

5.3.2.1　技术背景

海上构筑物弃置拆除过程中，导管架、桩腿内部无填充物，切割工具可深入内部进行切割，部分构筑物如独立桩、隔水管，在建造初期其内部填充大量混凝土，硬度大、清理困难，因此易采用外切割的方式进行水下切割作业。根据相关规范要求，外切割应在泥面下 4 m 以下进行。为满足海上构筑物切割空间要求，需对在施工区域进行挖泥冲淤，形成可操作的环形空间。

平台海底结构物拆除过程中，对海底埋泥位置障碍物的清理打捞、海底泥面地势的平整等都需对海底泥沙进行清理，达到埋泥位置暴露效果，从而进行下一步施工的目的。利用多级泵等冲泥设备对需冲泥位置进行水力喷冲，不仅能快速清理淤泥，在复杂的环境下，还能规避机械挖泥造成的损伤，实现安全环保作业。

5.3.2.2　技术内容

经过多年的工程应用、改进，形成了针对埕岛海域特有水下挖泥冲淤技术，包含非接触式水力喷冲挖泥、水下液压抓斗挖泥，可根据水下构筑物清理面积、清理内容合理搭配，高效完成冲淤工作。

（1）非接触式水力喷冲挖泥

可针对海底淤泥、混砂等状况，利用高压水对其进行喷冲混浆，利用气举将混浆排出冲淤位置，实现清淤工作，如图 5.3.2-1 所示。再配备水下声呐检测设备，可实时观测冲泥深度、位置及冲泥设备水下作业情况，如图 5.3.2-2 所示。

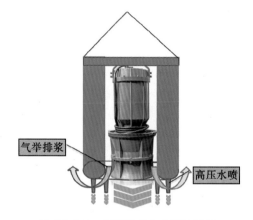

图 5.3.2-1　非接触式水力喷冲挖泥

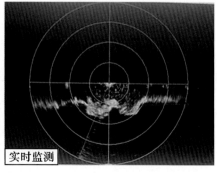

图 5.3.2-2　海上冲淤、实时监测效果图

（2）水下液压斗

通过打桩锤夹带钢桩震动，可有效破坏水下障碍物，特别是混凝土、沙袋等清理困难较大的物体，并利用抓斗的抓持力将物体打捞出水，完成冲淤、清障工作。其工作示意图如图 5.3.2-3 所示。

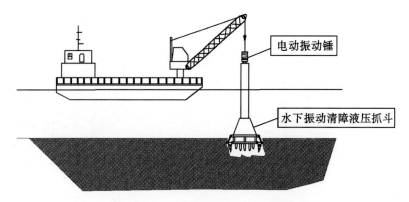

图 5.3.2-3　水下液压抓斗工作示意图

5.3.2.3　技术特点

①可应用范围广泛，施工效率高，可有效降低施工成本。

②安全环保，充分利用海上水资源，实现障碍物清理回收。

③可实现水下精确定位，实时监测挖沟冲淤效果，治理过程指导性强，治理效果明显。

5.3.3　气举沉箱拆除技术

《海洋石油平台弃置管理暂行办法》规定：在领海以内海域进行全部拆除的平台，其残留海底的装置等应切割至海底表面 4.0 m 以下。为达到切割深度，需要对海底装置周围进行清淤施工。受海洋环境影响，清淤工作量大，冲淤作业坑难以保持。根据海底海流和平台结构特点，研制出气举沉箱装置，保障了平台拆除工作的有效进行。

5.3.3.1　技术内容

海上构筑物拆除专用气举沉箱，包括主体支撑框架、高压水喷射装置、气举装置，如图 5.3.3-1 所示。高压水喷射装置安装在主体支撑框架的底部，气举装置安装在主体支撑框架上且位于高压水喷射装置的上方。

气举沉箱拆除技术可广泛用于导管架平台、立管桩、火炬桩、单井平台、隔水管等海上构筑物拆除的清淤施工。在保护框架底部安装高压水喷嘴装置，稍高位置处布设气体出气孔。根据海底地质条件，进行相应射水压力调节，然后由气举装置将稀释的淤泥清除，从而使保护框架下沉，达到桩腿清淤的目的。

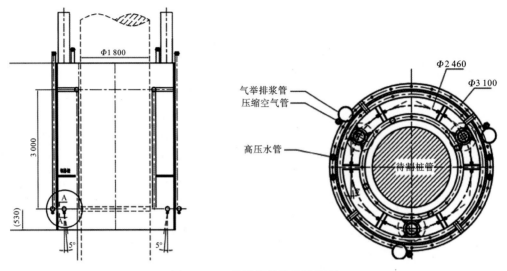

图 5.3.3-1　气举沉箱结构示意图

具体步骤如下：

（1）水下杂物清理

水下冲泥前，对单桩周围 3.0 m 范围之内进行探摸，确认无混凝土块、沙袋、抛落的铁块、钢筋等影响沉箱下沉的废弃物。否则，需对废弃物采用潜水人员及浮吊配合进行清理。

（2）沉箱就位

杂物清理完成后，用浮吊将沉箱吊至单桩上方，对准桩管，套到桩管上并缓缓下沉至泥面。

（3）水下冲泥

开启水泵，进行冲泥作业，装置底部的喷水嘴将泥面冲刷成坑，在重力作用下不断下沉，直至泥面以下 5.5 m。达到切割要求时，停止贯入，提供潜水员环向切割钢桩的安全作业空间。

（4）水下电氧切割

潜水员进入沉箱内，使用电氧切割指定位置桩管，预留长度为切割环缝周长的 14% 左右。切割完成后清理杂物及其他，用浮吊提起沉箱，浮吊吊钩吊住桩管，借助船舶锚机拉动，将泥面下 4 m 处预留切割段折断（含水泥柱），吊离水面。

（5）安全技术要求

①下放沉箱前必须对桩底进行有效的探摸；作业人员进行水下电氧切割过程中，禁止进行喷冲作业，并有明显的警示信息；切割过程中，浮吊须对桩管进行有效的扶桩，避免伤害作业人员。

②桩管切除后，浮吊先将沉箱吊离桩管，然后将桩管与浮吊主钩相连，并起到一定负荷。

③水下切割施工人员出水之前,严禁浮吊进行试吊或正式吊装。

④单桩严禁一次切割完成。严格按照方案预留,以免单桩晃动,水下切割人员无法躲避,造成安全事故。

5.3.3.2　技术特点

有效减少海洋环境对施工进度的影响,提高拆除效率。解决了海上废弃平台拆除需围堰清淤的难题,大大提高了工作效率,节约施工成本。气举沉箱海上试验照片如图5.3.3-3 所示。

图 5.3.3-2　气举沉箱实物图　　　　图 5.3.3-3　气举沉箱海上试验

参考文献

[1] 胡梦涛,蒋廷臣,李佳琦. 浅剖数据解译中淤泥层层界提取方法[J]. 测绘通报,2017 (6):72-76.

[2] 刘纪元. 合成孔径声呐技术研究进展[J]. 中国科学院院刊,2019,34(3):283-288.

[3] 刘锦昆,刘真,冯春健,刘化丽. 胜利海上油田开发海工技术及应用[J]. 船海工程, 2012,41(2):149-154.

[4] 刘锦昆,刘真,蒋习民. 埕岛油田海洋工程优化与创新[J]. 石油工程建设,2015,41 (1):36-41.

[5] 张衍涛,赵帅,冯春健,邹大庆. 胜利滩海油田工程建设中的新技术[J]. 中国海洋平 台,2004(1):37-41.

[6] 蒋习民. 浅海新型单立柱平台在埕岛海域中的应用[J]. 中国海洋平台,2005(4):41- 43.

[7] 刘锦昆,冯春健,张宗峰. 轻型单立柱平台在埕岛油田开发中的应用[C]. 2006 年度海 洋工程学术会议论文集,2006:488-492.

[8] 张晓峰,刘锦昆. 固定式采修一体化平台井口扩展结构型式研究[J]. 石油工程建设, 2013,39(5):11-14+6-7.

[9] 崔书杰,冯春健,路国章,邵怀海. 井口平台的新型水下基盘结构及其模型分析[J]. 石 油工程建设,2006(4):37-39+83.

[10] 孟昭瑛,梁子冀,刘孟家. 浅海桶形基础平台水平承载力与抗滑稳定分析[J]. 黄渤海 海洋,2000(4):36-41.

[11] 张士华,初新杰. 桶形基础负压沉贯海上试验研究与应用[J]. 黄渤海海洋,2000(4): 51-55.

[12] 刘锦昆. 浅海海底管道悬空段防护技术研究及应用[D]. 青岛:中国石油大学(华 东),2014.

[13] 王利金,刘锦昆. 埕岛油田海底管道冲刷悬空机理及对策[J]. 油气储运,2004(1): 44-48+61-65.

[14] 刘锦昆,张宗峰. 仿生水草在海底管道悬空防护中的应用[J]. 石油工程建设,2009, 35(3):20-22+5.

[15] 蒋习民,陈同彦. 仿生水草治理海底管道悬空情况探查及改进措施[J]. 石油工程建 设,2013,39(5):15-18+7.

［16］张宗峰,丁红岩,刘锦昆. 混凝土联锁排应用于海底管线冲刷防护试验研究［J］. 海洋工程,2015,33(2):77-83.

［17］刘洋. 浅滩海固定平台模块化施工探讨［J］. 河南科技,2014(6):115.

［18］刘嵬辉,曾宝,程景彬,周云龙,刘长久. 国内外铺管船概况［J］. 油气储运,2007(6):11-15＋62-64.

［19］邓德衡,谭家华. 浅水大直径薄壁管道铺设方法［J］. 中国海上油气(工程),2001(2):6-8＋4.

［20］潘雲,程峰,金瑞健,齐金龙. 浅水铺管船铺管作业系统设计简述［J］. 船舶,2010,21(3):49-54.